技術レポート作成と
発表の基礎技法（改訂版）

野中謙一郎
渡邉　力夫
島野健仁郎　共著
京相　雅樹
白木　尚人

コロナ社

まえがき

　現代社会における科学技術は科学者や技術者だけの占有物ではない。多くの人々に支えられて成立し，広く社会において必要とされている。科学者や技術者は単に研究や開発を行うだけではなく，自分たちの成果を支え必要としてくれる人々に対し的確な説明を行う義務を負っている。また，科学技術の開発は共同作業によって行われる場合が多い。そこでは多くの人々が協力し，技術情報を交換しながら開発に携わっている。

　宇宙開発のプロジェクトを例にとって考えてみよう。大規模なプロジェクトでは何百人，何千人にも上る人々が開発に携わり，共通の目標のために働いている。こうした巨大プロジェクトでは役割分担がなされ，さらに小さなプロジェクトに分けられて作業が進められる。そうしたサブプロジェクト間でも密接な連携が必要となる。また，内部だけではなく外部への情報発信も重要である。宇宙開発は巨額の国費を投じて行われているため，開発の必要性とプロジェクトの目的を納税者に説明して納得してもらわなければならない。

　これは企業における商品開発でも同様である。社内における企画の説明や，開発チーム内の連携，取引先への売込み，商品を使用する消費者への説明，そしてスポンサーである株主への説明など，情報を伝える努力を欠くことができない。また，大学をはじめとする教育機関では，レポートの提出，グループワークの成果発表，卒業研究の論文提出やプレゼンテーションなどが盛んに行われる。これも学生が自ら行った研究・調査結果やそこから得られた知見を先生や他の学生に伝える情報伝達である。

　このように，技術情報の伝達の重要性は広く認められている。そこで問題となるのは，どのようにして伝えればよいかという点である。

　生まれつきコミュニケーション能力に優れていて，自分の意見をじつに魅力

ii　　ま　え　が　き

的に語り，伝えることができる人もいる。しかし，前述した科学技術における情報発信では，正確かつわかりやすく伝えることこそが重要である。そのためにはルールに従う必要があり，そのルールに基づいた情報発信のための技術も存在する。そして，その技術を学習することによって，多くの人は正しい技術発信を行うことができる。しかしながら，科学技術における情報発信技術は一朝一夕に習得できるものではない。反復して利用することによってしだいに身についていくものである。したがって，大学や高等専門学校などの高等教育の早い段階に基礎を学び，在学中に繰り返し経験するレポートや論文の作成，ゼミや研究室における発表で実践的に習得することが望ましい。

　このような観点から，本書では，著者らの担当する技術情報発信に関する授業における経験をもとに，情報発信技術の最も基本的なルール，技法，考え方を述べている。読者は大学の理工学部や高等専門学校の学生を想定し，できる限りわかりやすく説明するようにした。

　本書の構成については，情報発信技術を4種に分類し，おのおのを章にまとめ，参照しやすいようにした。まず1章では，情報発信の目的，重要性，責任を述べ，2章では，数値データの処理，特に有効数字，国際単位系（SI）や桁計算，作図作表，簡単な統計処理について説明している。また，3章では，技術レポートの基本的な文体，構成，論理的な考察の方法を述べている。さらに将来の参考のために，学会発表を想定した書式例も示している。4章では，プレゼンテーションの方法について，スライド作成，説明，質疑応答についてまとめている。付録では，簡単なレポートとプレゼンテーションの例を示している。それ以外にも本書全体にわたって例を提示して，読者の理解を助けるように心掛けた。

　将来のエンジニアリングを担い，人間社会の発展に貢献される読者の皆様に，よりよい技術情報の発信を行っていただく一助となれば，著者らにとってこれ以上の喜びはない。

　本書は，簡潔さとわかりやすさを優先したために，一般性や厳密さを犠牲にした部分が多々ある。また，分野によって流儀が大きく異なる場合があること

もよく承知している。本書では可能な限り多くの分野で共通に基礎となっている部分を中心にまとめ，広い分野で役に立てるように努力したつもりであるが，著者らの非才により，至らぬ部分があると思う。その点については寛大なるご叱責をお願いしたい。

本書の執筆にあたり，武蔵工業大学工学部機械工学科の小林志好 准教授には原稿に目を通していただき，さまざまなご意見を頂戴した。深く感謝の意を表したい。また執筆の機会を与えていただいたコロナ社の皆様に御礼申し上げる。

最後に，著者らが技術情報伝達についてこうして拙著にまとめることができたのも，学生時代に師事した先生方の熱心なご指導を賜ったおかげである。紙面をお借りして著者らの恩師の先生方に心より感謝を申し上げる。望むらくは本書の内容についても，単位をいただくことができればよいのだが…。

2008 年 9 月

著　　者

改訂版にあたって

本書の初版が発刊されて 8 年が経過したが，情報発信技術修得の必要性と重要性は変わっていない。したがって，本改訂では内容に関して大きな変更はしていない。おもに単位表記に関して改訂を行った。単位表記に関しては学術分野によって異なることもあるが，統一した基準に従ったほうが便利である。本書では理工系学部における授業を想定していることもあり，ISO に準拠して定められた JIS に従った表記に改めた。科学技術分野における国際社会への対応という観点から，ISO に準拠することは必要である。

その他の改訂点としては，レポートや発表の評価に使用する評価表例をルーブリックに変更した。ルーブリックは評価者と被評価者で評価基準と達成度を共有することにより，受講生の自律的な学修を促進する手法として近年活用されている。レポート作成や発表は本質的に受講生の主体的な活動であり，アク

ティブ・ラーニングとして位置づけられていることも多いと思われる。ルーブリックはアクティブ・ラーニングとの相性がよく透明性の高い評価手法であるため，これから一般的になっていくと思われる。学ぶ側もこのような評価ポイントを考慮しながら出力型技術を学んでいくとよい。

2018 年 3 月

著　　者

初版第 10 刷（改訂版）にあたって

2019 年 5 月 20 日に新しい SI が施行されたことに伴い，初版第 10 刷（改訂版）から 2.1.4 項の記述を改めた。

2020 年 2 月

著　　者

—— 執筆担当 ——

1 章	島野健仁郎	3 章	
2 章		3.1～3.3 節	渡邉力夫
2.1.1～2.1.3 項	島野健仁郎	3.4 節	白木尚人
2.1.4, 2.1.5 項	白木尚人	4 章	野中謙一郎
2.1.6 項	渡邉力夫	付録 A	渡邉力夫
2.2 節	京相雅樹	付録 B, C	野中謙一郎
2.3 節	野中謙一郎		

目　　　次

キーセンテンス集

1. 出 力 型 技 術

1.1 情報発信の目的 ……………………………………………………………………*1*

1.2 情報発信者に求められるもの …………………………………………………*2*

1.3 情報発信の形態 ……………………………………………………………………*3*

1.4 出力型技術を訓練することの重要性 …………………………………………*3*

1.5 技 術 者 の 責 任 ……………………………………………………………………*4*

2. デ ー タ 処 理

2.1 有効数字と単位 ……………………………………………………………………*7*

　2.1.1 有効数字とは何か ………………………………………………………*7*

　2.1.2 四則演算の有効数字 ……………………………………………………*11*

　2.1.3 乗法・除法に関する有効桁数 ………………………………………*16*

　2.1.4 国際単位系（SI） ………………………………………………………*18*

　2.1.5 単 位 の 計 算 ……………………………………………………………*24*

　2.1.6 量や単位，記号の表記に関する注意点 ……………………………*25*

2.2 表とグラフの作成 ………………………………………………………………*28*

vi　　目　　　　　次

2.2.1　表やグラフの効果 ……………………………………… 28

2.2.2　表　の　原　則 ……………………………………………… 31

2.2.3　表の種類と特徴 ……………………………………………… 32

2.2.4　グラフの原則 ………………………………………………… 34

2.2.5　グラフの種類と特徴 ………………………………………… 37

2.3　データの統計分析 …………………………………………………… 43

2.3.1　平均・最大・最小 ………………………………………… 43

2.3.2　度数分布とヒストグラム …………………………………… 46

2.3.3　中位数（メディアン）と最頻値（モード） ……………… 48

2.3.4　標準偏差と分散（母分散） ………………………………… 49

2.3.5　回帰分析と回帰曲線 ………………………………………… 51

2.3.6　最小二乗法による回帰直線の計算 ………………………… 52

2.3.7　平均と有効桁数 ……………………………………………… 56

2.3.8　標準偏差の意味 ……………………………………………… 57

演　習　問　題 …………………………………………………………… 58

3. 技術レポート

3.1　技術レポートについて ……………………………………………… 62

3.1.1　技術レポートとは ………………………………………… 62

3.1.2　技術レポートの構成 ………………………………………… 64

3.1.3　レポート作成の手順 ………………………………………… 65

3.1.4　自由課題レポート作成例題 ………………………………… 70

3.1.5　数式記述のルール …………………………………………… 77

3.2　技術レポートの作文法 ……………………………………………… 77

3.2.1　言　葉　づ　か　い ………………………………………… 78

3.2.2　文　と　段　落 ……………………………………………… 79

3.2.3　事　実　と　見　解 ………………………………………… 80

3.2.4　論理的思考と文章展開 ……………………………………… 81

3.2.5　効果的な文章にするには …………………………………… 82

3.3　データに対する考察 ………………………………………………… 82

3.3.1　考　察　の　例 ……………………………………………… 83

3.3.2 実験データに対する考察 ……………………………………*86*

3.3.3 実験データに対する考察例 …………………………………*89*

3.4 書　　　式 ………………………………………………………*93*

3.4.1 体　　　裁 ………………………………………………………*93*

3.4.2 図表の書き方 …………………………………………………*94*

3.4.3 数式の書き方 …………………………………………………*95*

3.4.4 参考文献の書き方 ……………………………………………*95*

3.4.5 用　　　語 ………………………………………………………*96*

演 習 問 題 ……………………………………………………………*98*

4. プレゼンテーション

4.1 プレゼンテーションとは ……………………………………*100*

4.1.1 プレゼンテーションの概略 ………………………………*100*

4.1.2 論文やレポートなどの技術文書との違い ………………*101*

4.1.3 言葉で伝えることの難しさ ………………………………*101*

4.1.4 プレゼンテーションの戦略 ………………………………*102*

4.1.5 発表準備の手順 ……………………………………………*103*

4.2 スライドの作成 ………………………………………………*106*

4.2.1 スライドの構成 ……………………………………………*106*

4.2.2 具体的にスライドをつくる ………………………………*108*

4.2.3 文言やグラフの体裁を整える ……………………………*110*

4.2.4 わかりやすいスライドになるように調整する …………*110*

4.2.5 スライドに関する発表者の心得 …………………………*111*

4.3 プレゼンテーションにおける説明 …………………………*112*

4.3.1 プレゼンテーションにおける口頭説明 …………………*112*

4.3.2 プレゼンテーションの進行 ………………………………*112*

4.3.3 口頭説明の基本 ……………………………………………*113*

4.3.4 口頭説明を行うための準備 ………………………………*114*

4.3.5 説明を上手に行うためのポイント ………………………*115*

4.4 質疑応答の行い方 ……………………………………………*117*

viii　　目　　　　　　次

4.4.1　質疑応答の目的 ………………………………………………………*117*

4.4.2　質疑応答の流れ ………………………………………………………*117*

4.4.3　質疑応答の準備 ………………………………………………………*117*

4.4.4　質疑応答を行う際のポイント ………………………………………*118*

4.4.5　良い議論を行うための注意点 ………………………………………*119*

演　習　問　題 ……………………………………………………………………*120*

付　　　　　録 ……………………………………………………………*121*

付録 *A*　自由課題レポート演習例 ……………………………………*121*

付録 *B*　自由課題レポートのプレゼンテーション例 ………………*131*

付録 *C*　ギリシャ文字一覧表 …………………………………………*139*

参　考　文　献 ……………………………………………………………*140*

演 習 問 題 解 答 ……………………………………………………………*142*

索　　　　　引 ……………………………………………………………*147*

Microsoft, MS-Office（Word, Excel, PowerPoint, Access）, Windows 7, Windows 8, Windows 8.1, Windows 10 は，米国 Microsoft Corporation の米国およびその他の国における登録商標または商標です。

キーセンテンス集

　以下に示すそれぞれの文は，本書に出てくる重要なキーセンテンスを各章・節ごとにまとめたものである。読者の方が，本書の内容を概観する場合や，気になる内容を読み返す際の参考にしていただきたい。なお，末尾に（　）で示しているのは，出現ページを表している。

1. 出力型技術

【1.1　情報発信の目的】
・ある社会において構成員の一部が保有している有益な情報を他の構成員と共有することが情報発信の目的である（1）。

【1.2　情報発信者に求められるもの】
・情報は正確なだけでは不十分であり，わかりやすさも同時に求められる（2）。

【1.4　出力型技術を訓練することの重要性】
・論文やレポートの作成，あるいはプレゼンテーションで求められる作法や言語運用法は，日常生活でのそれとは多くの面で異なっている（3）。

【1.5　技術者の責任】
・出力型技術は，あくまで情報伝達の手段であって，伝わる情報の質とはまったく別次元のものである（5）。
・**ポイント1**：理工学の知識を正しく理解して運用すること（5）。
・**ポイント2**：必要な精査・検討を尽くしたうえで結論を導き出すこと（5）。

2. データ処理

【2.1　有効数字と単位】
・意味のない数字は絶対に書いてはいけない（8）。
・書いてある数値は，その最小桁まですべて意味があるもの（＝有効数字）と読み手に受け取られる（8）。

x　キーセンテンス集

- 計算される数値の末尾の桁が最も上位のものを見つける。加法・減法の結果の有効数字は，その位までとなる（*11*）。
- 計算される数値の有効桁数のうち，最小のものを見つける。乗法・除法の結果の有効桁数は，それに一致する（*11*）。
- 平方根の有効桁数は引数（平方根の中の数字）のそれと一致するとしてよい（*15*）。
- 丸め誤差の蓄積を防ぐために，計算途中で四捨五入は行わない（*16*）。
- 国際単位系は略称として SI（エスアイ）と呼ばれている（*19*）。
- SI は基本単位と補助単位および組立単位から成り立っている（*19*）。
- 基本単位は，長さ，質量，時間，電流，温度，物質量および光度の七つの量を基本量として定義している（*19*）。
- 補助単位は平面角と立体角の 2 種類から構成される（*22*）。
- 定義や法則に基づいて，基本量を組み合わせてつくられる量を組立量といい，組立量の単位を組立単位という（*23*）。
- 桁計算は電卓を用いずに行い，数値計算だけを電卓で行ったほうが間違うことが少ない（*24*）。
- 量や単位，記号の表記については日本産業規格（JIS）に定められた記述形式を遵守する（*25*）。

【*2.2* 表とグラフの作成】

- 表およびグラフは各種情報やデータのわかりやすい提示のために非常に重要である（*28*）。
- 表は多数の情報が整然と一覧形式で提示されることにより，情報を直感的に理解でき，また正確な数値を提示できる（*28*）。
- グラフは伝えたい内容がデータである場合に利用される（*29*）。
- グラフでは数値はグラフの形状で表現されるため，データを視覚的，直感的に把握できる（*29*）。
- 表は大量データの提示には向いていない（*29*）。
- 表は罫線，セルおよびセル内に提示された情報で構成される（*31*）。
- 表番号あるいは図番号とタイトルをまとめてキャプションと呼ぶ（*32*）。
- 表番号あるいは図番号は文章中における表および図の参照順に付ける（*32,35*）。
- タイトルは表または図の内容を示す簡潔な説明文である（*32,36*）。
- グラフは大量データの提示も可能である（*34*）。
- グラフ本体はおもに軸，軸目盛，軸ラベル，軸タイトル，副目盛，グリッド線，凡例で構成され，ここにデータがプロット，棒などの形状で提示される（*36*）。
- さまざまなグラフを使い分けることにより，データの性質や内容，そのデータ

を利用して何を示したいかを明確に示すことができる (37)。

【2.3 データの統計分析】

- データを定量的に扱うために統計処理を用いると効果的である (43)。
- 算術平均, 中位数 (メディアン), 最頻値 (モード) は, 分布するデータの中心の値を見積もるために有効である (43, 48)。
- 度数分布やヒストグラムを用いると, データの分布を把握できる (46)。
- 標準偏差, 分散を用いると, データの分布を定量的に把握できる (49)。
- 相関・因果関係のある複数の種類のデータの関係式を推定する手法が回帰分析であり, 得られた曲線を回帰曲線と呼ぶ (51)。
- 特に最小二乗法は代表的な回帰曲線の計算方法である (52)。
- データの個数が 100 倍になると平均値の有効桁数が 1 桁増える (56)。
- データが正規分布に従うときは, 標準偏差によって, ある特定のデータが平均からどの程度外れているかを見積もることができる (58)。

3. 技術レポート

【3.1 技術レポート】

- 技術レポートとは「技術的な情報を客観的に他者へ伝達するための文書」である (62)。
- 技術レポートは「書き方のルール」に従って書いていけば, 基本的にはだれがつくっても同レベルのレポートが作成できる (62)。
- 技術レポートには, 理論や実験, 調査に基づく客観的なデータである「事実」と, 事実から論理的・合理的に導かれた考察である「見解」が含まれている (63)。
- レポート作成に際しては, 著作権の侵害がないように注意する (63)。
- 実験レポートでは,「理論」,「実験手法」を示す必要がある (64)。
- 技術レポートは,「タイトル」,「要約」,「背景と目的」,「結果」,「考察」,「結論と今後の課題」,「参考文献」,「付録」から構成される (64)。
- レポートの「タイトル」は, そのレポートの内容を端的に表したものである (64)。
- 得られたデータは「結果」としてまとめる。図表を用いると結果の内容を効率的に伝達することができる (65)。
- 情報収集の際は情報源を記録しておき, 文章で引用する場合は引用元の表示をしなければならない (68)。
- 図表および数式の提示の仕方にはルールがある (74, 77)。

xii　　キーセンテンス集

【3.2　技術レポートの作文法】
・レポートなどの文書では，書き言葉である常体，すなわち「である」調で書く (78)。
・主観的な表現や曖昧な表現は用いてはならない (78)。
・「事実」と「見解」を混同しない (80)。

【3.3　データに対する考察】
・「実験レポート」には，理論と実験手法に関する記述を詳細に示さなければならない (87)。
・計測データ中の誤差には，計測の誤差，校正の誤差，データ処理に伴う誤差があり，定量的に把握しなければならない (87)。
・計測データには誤差があるので，理論式から得られた曲線と比較をするときには，妥当な近似曲線（回帰曲線と呼ぶ）を計算する必要がある (88)。

【3.4　書　　　　式】
・レポートは決められた書式に沿って記述されなければならない (93)。

4．プレゼンテーション

【導　入　文】
・プレゼンテーションでは，口頭説明で要点をわかりやすく伝えることができる (100)。

【4.1　プレゼンテーションとは】
・他人に情報を言葉で正確に伝えることはとても難しい (101)。
・限られた時間内にできる限り，ていねいかつ要領よく説明するためには，周到な準備が絶対に必要である (102)。
・聴き手が理解できるかどうかは，話し手に責任がある (102)。
・要点に話題を絞ってアピールする (102)。
・スライドの枚数の目安は1分で1枚程度にとどめる (102)。

【4.2　スライドの作成】
・聴衆に合わせたスライドにする (108)。
・文章を書かずにキーワードを並べ，箇条書きを用いる (108)。
・文字ではなく図表を用いる (109)。
・スライドは効率的に説明するための資料にすぎず，発表の主役はあくまで発表者である (111)。

【4.3　プレゼンテーションにおける説明】
・発表者は決められた発表時間を厳格に守るべきである (113)。

キーセンテンス集　　*xiii*

・発表者はつねに聴衆の方を向いて話をすべきである（*113*）。

・大きな声で抑揚をつけて話す（*113*）。

・口頭説明の台詞は，台本を用意してすべてを覚え，よどみなく説明できるようになるまで練習する（*114*）。

・発表中には，決して台本を見てはならない（*114*）。

・あがり症の人は，声を出した練習を徹底的に行う（*115*）。

・グラフや表をていねいに説明する（*115*）。

【*4.4* 質疑応答の行い方】

・質疑応答用の想定問答集をつくる（*117*）。

・質問・コメントを恥ずかしがらず積極的に行う（*118*）。

・質疑応答の目的は，建設的な議論を通じてたがいに有益な情報を得ることである（*119*）。

・どのような質問・コメントに対しても真摯な態度を保つ（*120*）。

1 出力型技術

1.1 情報発信の目的

　情報発信を円滑に行うことが本書のテーマである。本題に入る前に，そもそも情報発信とは何のために行うものかを考えてみたい。

　情報を発するという行為は，人間以外の動物にも見られる。例えば，あるサルの群れの縄張りに外部のサルが近づくと，群れのサルはキーキーという声を上げながらせわしなく動き回る。これは，侵入者があることを仲間に伝えようとする情報発信行為にほかならない。他のメンバーと侵入者の情報を共有して，群れの安全や秩序を守ろうと試みているのである。

　人間社会における情報発信の目的も本質的には同様である。これを一般化して表現すれば，

**　ある社会において構成員の一部が保有している有益な情報を他の構成**
**　員と共有することが情報発信の目的**

ということになるであろう。ここで，情報は有用なものであり，これを受け取った相手に益をもたらすことが前提になっていることに着目していただきたい。根拠のない風説を流布することや，個人や団体の攻撃を目的とした中傷などは，ここでいう情報発信にはあたらない。技術者の行う情報発信は，科学技術に関する有益な情報を多くの人が共有して，社会生活の利便性や安全性を向上させることが目的である。これは人類の発展のために非常に重要であることを認識していただきたい。

1.2 情報発信者に求められるもの

　言葉を使う人間は他の動物と比較すると，より高度な内容を詳細に伝達することが可能である。しかし，その裏返しとして複雑で混乱が生じやすいのも事実である。例えば，以下のような問題はだれもが一度は経験しているのではないだろうか。

（1）　相手が何について話しているのかよくわからない（原因：話の前後関係の説明が不足していた）

（2）　自分の言ったことが別の意味に誤解されてしまった（原因：自分の意図を表現するのにふさわしくない語句を使っていた）

（3）　文を読んだら二通りの意味に受け取ることができるので困ってしまった（原因：句読点の使用や語句の順番が不適切であった）

　原因を分析してみると，話者や筆者に配慮が不足していた場合がほとんどである。情報発信者はこうした混乱を防ぐように最大限の努力を払わなければならない。

　科学技術に関する情報発信をする場合は数値や図表を使うことが多い。数値は具体的に量の大小を相手に伝え，正確な理解を助ける働きがある（単に"大量の水"という場合と"10トンの水"という場合を比較してみよ）。また，図表は視覚に直接訴えて自分の意図を相手に伝えることができる便利なツールである。しかし，これらも使い方を誤ると，正確な情報伝達を妨げるもととなる。数値や図表は相手に与える印象が強いだけに，問題が生じたときのダメージも大きい。

　以上のことからわかるように，相手に情報を正確に伝えるのは決して簡単なことではない。また，情報は正確なだけでは不十分であり，わかりやすさも同時に求められる。**正確でわかりやすい情報発信**のためには，習得しておくべきルール，マナーとコツがある。ここではそれらを総称して**出力型技術**と呼ぶことにする。出力型技術とひと口にいっても分野により千差万別である。本書で

は扱う対象を**理工系技術者にとって必要最低限の出力型技術**に限定する。ただし，分野が何であれ，習得すべき出力型技術の根幹をなすのは正確さとわかりやすさであることを肝に銘じていただきたい。

1.3 情報発信の形態

情報発信の形態にはどのようなものがあるだろうか。情報は，五感のうち視覚と聴覚を通じて受け手に伝わるのが一般的である。

（1）　視覚によるもの：　文書一般（論文，レポート，書籍，WEB ページなど）

（2）　聴覚によるもの：　音声のみの講演・演説など

（3）　視覚＋聴覚によるもの：　いわゆるプレゼンテーション

科学技術に関する情報を音声により発信する場合には，聴覚のみに訴える（2）の形態はまれであり，同時に視覚情報も提供する（3）が普通である。したがって，本書では（1）と（3）のみを対象とする。

1.4 出力型技術を訓練することの重要性

自分は日本語を第一言語として育ったのだから，日本語で話したり文書を書いたりすることに特別な訓練は必要ないと思う読者がいるかもしれない。だが，それは間違いである。なぜならば，論文やレポートの作成，あるいはプレゼンテーションで求められる作法や言語運用法は，日常生活でのそれとは多くの面で異なっているからである。

一例をあげよう。友人が土曜日に遊びに行こうと誘っているが，自分は都合が悪い。こういう場合，「じつは土曜日の昼に親戚が来て，夕方からはバイトが入っていて…」とまず理由から説明する日本人が多い。状況をひと通り説明した後で「だから行けない」と結論が最後にくる。このように結論を最後に述べるのは日本語の特徴である。単刀直入に結論からいうのは，ぶしつけで失礼

4   1. 出 力 型 技 術

であると考えるのは，日本人独特の美しい作法といえるかもしれない。

　しかし，科学技術に関する情報発信では，結論を後回しにする言語運用法は敬遠されることが多い。以下の（1）と（2）の書き方を比べてみよう。

（1）　本実験では結果的に高精度な測定が可能となった。センサからの信号にノイズが混入したが，回路にノイズ対策を施すことでその影響を回避できたからである。

（2）　センサからの信号にノイズが混入したので回路にノイズ対策を施した。その結果，高精度な測定が可能となった。

　両者ともに同じ事実について述べているが，（1）では最初の一文を読むだけで，測定が成功したという最も重要な結論が読者に伝わる。続く第二文で成功した理由が説明されるのだろうという予測もでき，読者は安心して読み進むことができる。ところが，（2）では第一文を読んでも成功したのか，失敗したのかわからない。同じ第一文を使って

（3）　センサからの信号にノイズが混入したので回路にノイズ対策を施した。しかし，これは効果がなく，測定は失敗した。

という逆の結論もありうるからである。つまり，（2）や（3）は，結論がどちらの方向に導かれるのかを早期に読者が予測できないという点で不親切な書き方なのである。

　必ずしもすべての場合で（1）の書き方が適しているとは限らないが，それぞれの文脈の中で自分の意図を正確に伝え，読者の理解を助けるためには（1）と（2）のどちらの書き方を選択すべきかを，比較して推敲する習慣は最低限身につける必要がある。こうした習慣は一朝一夕に身につくものではなく，相応の訓練が必要であることは賢明な読者諸氏にはおわかりであろう。

1.5　技術者の責任

　出力型技術の訓練を十分にしたとしよう。だが，それだけでは立派な報告書や論文は決して書けないし，素晴らしいプレゼンテーションもできるようには

ならない。出力型技術は，あくまで情報伝達の手段であって，伝わる情報の質とはまったく別次元のものだからである。

1.1 節で述べたとおり，有用な情報を提供することが情報発信の目的である。たとえ言語明瞭に話し，見た目のきれいなスライドを使っていても，内容がお粗末であったとしたら情報発信の目的を達したことにはならない。情報の質の高さが保証されて，はじめて出力型技術が意味をなすのである。

ただし，情報を発信する段階になって一生懸命努力をしたところで情報の質を向上させることは不可能である。情報の質の高低は，それを用意するプロセスにおいて，技術者として責任のある行動を継続的にとっていたかどうかにより決まる。

読者の多くは学生であろうから，"技術者として責任のある行動"といっても具体的にどういうことなのかを想像していただくのはなかなか難しいであろう。ひとまずここでは以下の二つのポイントを守ることが技術者として最低限の責任であると理解していただきたい。

ポイント1 理工学の知識を正しく理解して運用すること。

ポイント2 必要な精査・検討を尽くしたうえで結論を導き出すこと。

これら二つのポイントがいかに重要であるかを以下の例で考えてみよう（内容はフィクションである）。

使用中に異常に過熱するという事故がA社の電気製品に発生し，技術者B氏は原因を究明するよう会社から命じられた。B氏は「過熱するのは冷却性能が悪いからに決まっている」との予断に基づいて表面的な調査を行い，他の可能性を検討しようとしなかった。結局，B氏はラジエータの冷却ファンを高性能のものに交換すれば解決するとの報告書を提出した。その報告書に基づいてA社は製品のリコールを発表し，冷却ファン

6   1. 出力型技術

の交換を行ったが，その後も過熱事故が続発した。再調査を別の技術者が行ったところ，設計段階で電気回路の電流量を実際よりも過小に見積もるミスを犯しており，想定よりも多量の熱が回路から発生していたことがわかった。そのため回路近辺が局所的に過熱したのが事故の原因であり，ラジエータの冷却ファン交換だけで対応できる事例ではなかったことが判明した。

過熱の原因として，過多な熱の発生と不十分な冷却の二つを疑うのが正しい理工学の知識の運用である（ポイント 1）。また，この二つの可能性を考慮しつつ，事故の再現実験を含めたあらゆる検討を行うのが技術者として当然の対応である（ポイント 2）。

しかし，B 氏はどちらのポイントも守ることがなかった。その結果，無駄なリコールを提案して会社に損害を与えると同時に，危険な製品を世間に放置しつづけるという許されざる事態を招いたのである。

B 氏の場合，報告書を書くという情報発信行為そのものよりも，それに至る調査の方法や態度に問題があったといわざるを得ない。出力型技術を習得することも大切であるが，それ以前に上の二つのポイントに照らして自分の態度や行動を省みる習慣を身につけることがいかに重要であるか理解できるであろう。

技術者は，動くもの，巨大なもの，熱，電気，化学物質など一歩間違えれば凶器になる危険なものを相手にすることが多い。ゆえに責任ある行動をつねに心掛け，一般市民を危険にさらすことのないように努めなければならないのである。

もちろん責任ある行動は情報を発信する際にも求められる。誤解が生じないように配慮する，情報の受け手が理解しやすいよう工夫をする，など最大限の努力をするのは当然の義務である。

2 データ処理

本章では，技術レポートにおけるデータの扱い方を述べる。2.1節では，有効数字の原則を説明し，さらに物理量を扱う際に重要な国際単位系（SI）について述べる。2.2節では，データの特徴・性質を整理して視覚的に理解するために有効な表やグラフを説明する。そして2.3節では，データの特徴・性質を数値化するために有効な，統計処理による定量的な分析の基礎を学ぶ。

2.1 有効数字と単位

2.1.1 有効数字とは何か

われわれは，放送，出版，インターネットなど多くのメディアで数値を目にしたり，聞いたりしている。例えば，数値を含んだ以下のような気象情報がテレビで放送されているのを聞いたことがあるだろう。

> 例2.1 東京の現在の気温は 26.8 度ですが，日中の最高気温は 33 度と予想されていますので，2日ぶりに真夏日となるでしょう。昨日の東京の最高気温が 28.7 度でしたので，今日は 4 度も高くなります。熱中症に気をつけてお出かけください…

例2.1の文には4種類の数値が登場しているが，最小の桁が小数第一位であったり，一の位であったりとまちまちである。これはでたらめに言っているのではなく，理由があってのことである。

8   2. デ ー タ 処 理

（1）「現在の気温は 26.8 度」，「昨日の東京の最高気温が 28.7 度」： これ
らはすでに確定している数値である。測定器が 0.1 度単位で測定でき，
小数第一位の数値には意味がある。 そのため小数第一位まで表現してい
る。小数第二位以下は測定できず，**意味がないので言及しない。**

（2）「日中の最高気温は 33 度」： これはコンピュータの計算によって予
想された数値がもととなっている。ただし，現在のところ予報の精度に
限界があるため小数第一位にどのような数値が入るかは判然としない。
ゆえに**小数第一位には意味がない**と考えられ，小数点以下の位について
は言及しない。

（3）「今日は 4 度も高くなります」： 33−28.7＝4.3 であるから，「4.3 度
高くなります」と言うべきであると思うかもしれない。しかし，これだ
と日中最高気温が 33.0 度であると小数第 1 位を 0 と決め付けて計算し
たことになってしまう。33 度という数値の小数第一位には**意味がない**
のであるから，それをもとに算出した 4.3 度という数値の**小数第一位に
も意味はない。**

以上の例からわかるように，有効数字とは，意味があって信用できる数字の
ことである。**原則として記述してある数字はすべて有効数字と判断される。** レ
ポートや論文などで数値を書くときには，つねに有効数字に気を配らなければ
ならない。

有効数字の原則（その 1）

1．意味のない数字は絶対に書いてはいけない。

2．書いてある数値は，その最小桁まですべて意味があるもの（＝有
効数字）と読み手に受け取られる。

ただし，すべての数値に機械的にこの原則を当てはめるのは正しくない。例
えば，以下のような場合では，有効桁数は無限桁と解釈すべきである。

例 2.2　無限の有効桁数をもつ場合

（1）　人　数「A 大学の学部生から，100 人を無作為に抽出してアンケート調査を行った」

　これは，正確に 100 を表す。文脈から考えれば，99.8 人や 100.1 人のように小数点以下の端数が存在することはありえない。

（2）　単位換算「1 hPa は 100 Pa に等しい」

　これらの数値も，正確に 1 あるいは 100 であることを表しており，小数点以下に無限に 0 が並んでいると解釈できる。

　有効数字についてもう少し詳しく考えてみる。一般に技術者が扱う数値は有効桁数が有限である。これは測定機器の分解能や精度，あるいは加工時の寸法精度に限界があるためである。例えば，**図 2.1** のように 0.1 cm 刻みの目盛りが打たれている物差しで長さを測定する場合を考える。こうした測定ではおもに二通りの読み取り方法が考えられる。

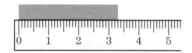

図 2.1　物差しによる長さの測定

（1）　目盛りの間隔に従って 0.1 cm 単位で読み取る方法

（2）　目盛りの間を目測により分割して 0.01 cm 単位で読み取る方法

　（1）の方法は簡便であるが，精度が要求される測定には適さない。一方，（2）の方法は精度が高い反面，測定者に慎重さと集中力が要求される。そのため目的に応じて両者の使い分けを行う。理工学分野では，こうしたアナログ測定をする際に（2）の方法を用いるのが普通である。しかし，日常生活で大まかに長さがわかれば事足りるのであれば（1）の方法で十分であろう。

　（1）の方法では，図 2.1 の測定対象物の長さとして 3.3 cm という数値が読み取られる。しかし，実際の長さは厳密に 3.3 cm に一致しているわけではない。これを確かめるために目盛り部分を拡大して観察したとしよう。対象物

の右端が3.3 cmの目盛り線に完全に一致していることはまれであり，**図2.2**(a)のように3.3 cmより若干短い場合もあれば，図(b)のように3.3 cmより若干長い場合もある。

（a） 3.3 cmより
若干短い場合

（b） 3.3 cmより
若干長い場合

図 2.2 目盛り部分の拡大図（目盛り長さが異なるのに，同じ測定値が読み取られる例）

（1）の方法で簡易的に測定を行う場合は，0.01 cmのオーダ（小数第二位）の数値に注意を払わないため，真の値が測定値3.3 cmからどれだけずれているかを特定することはできない。ただ，少なくとも小数第一位に関しては3.2 cmや3.4 cmよりも3.3 cmに近いということが確実に判断できる。したがって，測定者は小数第一位までを有効数字として3.3 cmと読み取るのである。

3.3 cmという測定値は完全に真の値に一致しているわけではないが，根拠のある数値である。見方を変えれば，**何らかの根拠があって導き出された数字が有効数字**である。これまで本節では「意味のある数字」という表現で説明を行ってきたが，それは「根拠がある数字」と解釈してほしい。

もしも上の例で測定値を3.30 cmと表記したらどうであろうか。小数第二位の数値には注意を払わずに測定したのだから，最後の0には何も根拠がないはずである。そのため小数第二位には何も数字を書かず，3.3 cmと表記するのがルールとなっているのである。

つぎに（2）の方法で小数第二位まで長さを読み取る場合を考える。もしも図2.2（a）の状態で，ある測定者Aが3.28 cmという値を読み取ったとしよう。このとき別の測定者Bが3.27 cmと読む可能性は否定できない。しかしながら，最初の測定者Aは，小数第二位の値として8が最も真の値に近いと目測により判断したのであるから，この8は根拠のある値であり，決して荒

唐無稽な値ではない。同様に測定者Bによる測定値も小数第二位までが根拠
のある有効数字であると解釈される。

　人の目での見え方や脳での判断もこの場合は測定系の特性の一部であり，その特性に偏りがある，再現性に欠けているというような問題点はあるかもしれない。だがそれは測定に伴う不確かさの問題であって，有効桁数の議論と混同すべきではない。なお，AとBのどちらの測定値が真の値に最も近いかという議論は，高精度な別の測定による検証をしない限り決着をつけることは難しい。

2.1.2　四則演算の有効数字

　有効桁数が有限である数値を用いて加減乗除などの演算を行ったら，当然その結果の有効桁数も有限となる。加減乗除に関する有効数字については以下の原則がある。

有効数字の原則（その2：加法・減法）

　計算される数値の末尾の桁が最も上位のものを見つける。加法・減法の結果の有効数字は，その位までとなる。

有効数字の原則（その3：乗法・除法）

　計算される数値の有効桁数のうち，最小のものを見つける。乗法・除法の結果の有効桁数は，それに一致する。

　なぜ，原則その3が成立するのかについては2.3節で述べる。ここではこれらの原則の適用例を示す。

例2.3　長さ240 mmの棒から長さ10.4 mmの棒を6本切り出した。残っている棒の長さを求めよ。

【解】　切り出した長さは10.4 mm×6＝62.4 mm。残りは240−62.4によって計算される。

12   2. データ処理

240 mm の末尾の桁は一の位，62.4 mm の末尾の桁は小数第一位である。この二つのうち上位は一の位であるから，引き算の結果の有効数字は一の位までとなる。

240 − 62.4 = 177.6 → 小数第一位を四捨五入して <u>178 mm</u>

引き算をした結果の有効数字が一の位までであることは，桁をそろえて書くとわかりやすい。

$$
\begin{array}{r}
2\,4\,0\,.\,?\,?\,? \\
-\quad 6\,2\,.\,4\,?\,? \\
\hline
1\,7\,8\,.\,?\,?\,?
\end{array}
\qquad (2.1)
$$

「？」は不確定な数字を表している。引き算の結果の小数第一位には「？」が現れているのだから，有効数字は一の位までとなることが明らかである。

例 2.3 についてもう少し詳しく考えてみる。もとの棒の長さの真値を $\hat{L}$ とする。240 mm はあくまでも測定値であるから，真値 $\hat{L}$ とは異なっているはずであり，別の記号 L でこれを表す。また，両者の差を ΔL とおく。ΔL の値がどのような範囲にあるかは測定方法や機器に依存するので一概に判断はできないが，ここでは有効数字が一の位までであることを考慮して $|\Delta L|$ は最大で 0.5 mm，つまり ΔL の値の範囲は $-0.5 \sim 0.5$ mm と仮定する。

すると，$\hat{L} = L + \Delta L$ の関係より，$\hat{L}$ の値の範囲は $239.5 \sim 240.5$ mm となる。これより切り出した 62.4 mm を差し引くと，残った棒の長さの範囲は $177.1 \sim 178.1$ mm である。つまり，場合によっては真の値が 178 mm よりも 177 mm に近いこともありうるのである。

しかし，この計算の結果を 178 mm と書くことは決して間違いではない。なぜならば，$177.1 \sim 178.1$ mm の範囲のうち，178 mm に近い領域のほうが若干広いからである。つまり，178 mm が真の値に最も近くなる確率は 177 mm の場合よりも高いのであり，末尾の桁の数値を 8 と選ぶだけの合理的な根拠が存在していることに注意していただきたい。

2.1 有効数字と単位　13

> **例2.4**　大気圧 p_a が 101.5 kPa のときに空気が充てんされた圧力容器内のゲージ圧力 p_g を測定したら 200 kPa であった。絶対圧力 P に変換せよ。
>
> **【解】**　絶対圧力 P とゲージ圧力 p_g との間には $P = p_g + p_a$ の関係がある。これに $p_a = 101.5$ kPa，$p_g = 200$ kPa を代入すれば計算上は $P = 301.5$ kPa を得る。ゲージ圧力 200 kPa の有効数字は一の位までであるから，足し算の結果も一の位までが有効数字である。よって小数第一位を四捨五入して $P = \underline{302\,\text{kPa}}$

例2.4 では，計算値 301.5 kPa の小数第一位に現れた 5 を四捨五入した結果，302 kPa を得たが，5 という数字は四捨五入の切捨て・切上げの境界に位置するため判断が難しい場合がある。

例2.3 での議論と同様に考えて，ゲージ圧力の真の値と測定値の差 Δp_g の絶対値が最大で 0.5 kPa 程度とすると，結果的に絶対圧力の真の値 $\hat{P}$ の範囲は 301.0 〜 302.0 kPa となる。これを四捨五入すると 301 kPa と 302 kPa の両方の可能性があり，しかも真値がおのおのに最も近くなる確率は同程度であると考えられる。この場合，301 kPa も 302 kPa と同じくらい合理的な根拠がある値と見なせるのであるが，異なる二つの値を同時に書くことはできないので，四捨五入のルールに従って切上げを行った値，302 kPa を結果としている。

有効桁数を限るということは，末尾の桁を単位として離散的に実数を扱うことと等価である。つまり，本来連続であるはずの実数を飛び飛びの不連続な値で代表させるということにほかならないので，その矛盾がこうしたところに現れてしまうのである。

なお，この場合に，「一の位は 1 であるか 2 であるか，あやふやで判断がつかないので，一の位は有効桁ではない」と考えるのは間違いである。3 や 4 といった別の数字が一の位にある確率は，2 である確率に比べて格段に小さいの

14   2. データ 処 理

であるから，この 2 は根拠のある数字である。したがって，この場合も一の位は有効桁に含まれると解釈すべきである。

例 2.5　長方形の 2 辺の長さを測定したら縦が $a = 107.4\,\text{mm}$，横が $b = 8.80\,\text{mm}$ であった。この長方形の面積を求めよ。

【解】　$a = 107.4\,\text{mm}$ の有効数字は 4 桁，$b = 8.80\,\text{mm}$ の有効数字は 3 桁であるから，最小は 3 桁である。したがって，積の有効数字は上から 3 桁までとなる。

$$a \times b = 107.4 \times 8.80 = 945.12 \approx \underline{945\,\text{mm}^2}$$

例 2.6　例 2.5 において横の長さが $b = 8.8\,\text{mm}$ であったら面積はどうなるか。

【解】　$a = 107.4\,\text{mm}$ の有効数字は 4 桁，$b = 8.8\,\text{mm}$ の有効数字は 2 桁であるから，最小は 2 桁である。したがって，積の有効数字は上から 2 桁までとなる。

$$a \times b = 107.4 \times 8.8 = 945.12 \approx \underline{9.5 \times 10^2\,\text{mm}^2}$$

　このように，位を表す 10 のべき乗を用いて表示することを**指数表示**と呼ぶ。これを $950\,\text{mm}^2$ と書くと一の位の 0 も有効数字と誤解されてしまう場合があるので，注意が必要である。

例 2.7　抵抗の両端に $E = 12.0\,\text{V}$ の電圧を印加したところ，抵抗に流れる電流は $I = 300\,\text{mA}$ であった。抵抗の値 R を求めよ。

【解】　オームの法則より $R = E/I$ であるので，割り算の場合の有効数字を考える。E の有効数字は 3 桁，I の有効数字も 3 桁であるから，計算される抵抗 R の有効桁も上から 3 桁となる。

$$R = \frac{E}{I} = \frac{12.0}{300 \times 10^{-3}} = \underline{40.0\,\Omega}$$

2.1 有効数字と単位　　15

例 2.8　　質点を長さ L の伸び縮みしないひもで吊るした単振り子の周期 T は，式 (2.2) で与えられる。

$$T = 2\pi\sqrt{\frac{L}{g}} \tag{2.2}$$

ここに，g は重力加速度である。$L = 200\,\text{mm}$，$g = 9.81\,\text{m/s}^2$ のとき，周期 T を求めよ。

【解】　まず平方根の中を計算する。L，g ともに有効数字 3 桁であるから，L/g の有効数字も 3 桁である。また，**平方根の有効桁数は引数（平方根の中の数字）のそれと一致するとしてよい。**したがって，式 (2.2) の平方根の有効数字も 3 桁である。

円周率 π の値は問題中に与えられていないが，平方根の有効数字が 3 桁であるから，円周率も 3 桁以上の数値でなければならない。ここでは十分長い桁の数値を用いることとして，$\pi = 3.141\,59$ とする。なお，いたずらに長い桁の数値を用いても結果は変わらない。

$$T = 2\pi\sqrt{\frac{L}{g}} = 2 \times 3.141\,59 \times \sqrt{\frac{0.200}{9.81}} = 0.897\,1\cdots \approx \underline{0.897\,\text{s}}$$

例 2.8 のような計算を行う際には，途中の計算結果をそのつど書き留めたくなるかもしれない。しかし，それは四捨五入による丸め誤差が蓄積してしまう危険をはらんでいるので避けるべきである。

例 2.8 の計算において，（1）根号内の割り算，（2）平方根の計算，（3）係数と平方根の掛け算と 3 段階に分け，各段階で四捨五入を施すと最終的な計算結果が変わってしまうことを以下に示す。

（1）　$\dfrac{0.200}{9.81} = 0.0203\,874\cdots \approx 2.04 \times 10^{-2}$

（2）　$\sqrt{2.04 \times 10^{-2}} = 0.142\,829\cdots \approx 1.43 \times 10^{-1}$

（3）　$T = 2 \times 3.141\,59 \times 1.43 \times 10^{-1} = 0.898\,49\cdots \approx 0.898\,\text{s}$（最下位の桁の数字が変化）

16   2. データ処理

有効数字の原則（その4：計算過程）

丸め誤差の蓄積を防ぐために，計算途中で四捨五入は行わない。

2.1.3 乗法・除法に関する有効桁数

*2.1.2*項では乗法と除法に関する有効数字の原則について示した。本項ではこれらの原則について詳しく説明する。

もととなるデータにおいて，有効数字よりも下の桁の数値を微小な不確定要素と見なし，それの影響が計算結果のどこの桁に現れてくるかによって計算結果の有効数字を決定するのが本来の考え方である。この考え方を*2.1.2*項の例*2.6*と例*2.7*に適用して検討してみる。

（1）　例*2.6*の場合　　縦の長さ $a = 107.4\,\mathrm{mm}$ は真の値ではなく，近似値である。真の値を $\hat{a}$ とし，これと近似値の差異を Δa とおく。すなわち

$$\hat{a} = a + \Delta a \tag{2.3}$$

同様に，横の長さについても真の値を $\hat{b}$，真の値と近似値との差異を Δb とおけば，式 *(2.4)* のようになる。

$$\hat{b} = b + \Delta b \tag{2.4}$$

面積は縦と横の真値どうしの積，つまり $\hat{a} \times \hat{b}$ で表されるから

$$\hat{a} \times \hat{b} = (a + \Delta a)(b + \Delta b) = ab + a \cdot \Delta b + \Delta a \cdot b + \Delta a \cdot \Delta b \tag{2.5}$$

となる。式 *(2.5)* の右辺第2～4項が不確定要素であって，掛け算の結果がどの桁まで信用できるかは，これらの項の大きさによって決定する。そこでこれらの各項の大きさを調べる。しかし，第4項目は微小量の二次の項であるから，他の項より十分小さいと考えられ，第2, 3項目のみを考えれば十分である。

近似値と真値の差異 Δa と Δb のオーダは，有効数字より $\Delta a \sim 10^{-2}$, $\Delta b \sim 10^{-2}$ である。これより各項のオーダを求めると

第2項目：$a \cdot \Delta b \sim 107.4 \times 10^{-2} \sim 10^{0}$,　　第3項目：$\Delta a \cdot b \sim 10^{-2} \times 8.8 \sim 10^{-1}$

となる。最も大きいのは第2項目であり，10^{0} の位，つまり一の位には信用で

きない数値が入ってくることを示している。したがって，面積は9.5×10^2 mm^{2}であり，有効数字は2桁となる。

（2）　例2.7の場合　　電圧と電流の真値はそれぞれ$\hat{E}$，$\hat{I}$とし，近似値（測定値）の真値からの差異をそれぞれΔE，ΔIとする。すなわち

$$\hat{E} = E + \Delta E \tag{2.6}$$

$$\hat{I} = I + \Delta I \tag{2.7}$$

抵抗値は電圧の真値を電流の真値で割ったものであるから

$$\frac{\hat{E}}{\hat{I}} = \frac{E + \Delta E}{I + \Delta I} \tag{2.8}$$

$$= (E + \Delta E) \cdot \frac{1}{I}\left(1 - \frac{\Delta I}{I}\right) + o(\Delta I^2) \tag{2.9}$$

$$= \frac{E}{I} - \frac{E \cdot \Delta I}{I^2} + \frac{\Delta E}{I} - \frac{\Delta E \cdot \Delta I}{I^2} + o(\Delta I^2) \tag{2.10}$$

ただし，式（2.8）から式（2.9）を導出する際につぎの式（2.11）の関係を用いた。

$$|\alpha|\text{が十分小さいとき，}(1 + \alpha)^n \cong 1 + n\alpha \tag{2.11}$$

ここで，式（2.10）の第2項と第3項の大小を考える。$\Delta E \sim 10^{-2}$，$\Delta I \sim 10^{-4}$であるから

$$\text{第2項目：} \frac{E \cdot \Delta I}{I^2} \sim \frac{12 \times 10^{-4}}{0.3^2} \sim 10^{-2}$$

$$\text{第3項目：} \frac{\Delta E}{I} \sim \frac{10^{-2}}{0.3} \sim 10^{-2}$$

このことより，商に含まれる不確定要素は10^{-2}のオーダであることがわかる。したがって，抵抗値の有効数字は10^{-1}の桁までであり，R$= 40.0\,\Omega$となる。

以上のような議論を計算するたびに行うのは面倒であり，現実的ではない。そこで通常は2.1.2項で説明した原則〔有効数字の原則（その3：乗法・除法〕を適用することにより桁数を判断している。この原則は以下のように導き出される。式（2.5）を式（2.12）のように変形する。

$$\hat{a} \times \hat{b} = (a + \Delta a)(b + \Delta b) = ab\left(1 + \frac{\Delta b}{b} + \frac{\Delta a}{a} + \frac{\Delta a \cdot \Delta b}{ab}\right) \tag{2.12}$$

18   2. デ ー タ 処 理

b の有効数字が m 桁なら，式（2.12）のかっこの中の $\Delta b/b$ は 10^{-m} のオーダとなる。同様に a の有効数字が n 桁ならば，$\Delta a/a$ は 10^{-n} のオーダとなる。したがって，これら不確定要素の影響は積 ab の上から m 桁ないし n 桁には現れてこないことになり，積 ab の有効桁数は m と n のうち小さいほうに一致する。

割り算の場合についても式（2.10）を式（2.13）のように変形することにより，同様の結論を得る。

$$\frac{\hat{E}}{\hat{I}} = \frac{E}{I}\left(1 - \frac{\Delta I}{I} + \frac{\Delta E}{E} - \frac{\Delta E \cdot \Delta I}{IE}\right) + o(\Delta I^2) \tag{2.13}$$

なお，例 2.8 のように平方根について考える場合は，式（2.11）で $n=1/2$ とすることに相当するので，有効数字についての考え方は割り算に準ずる。

2.1.4 国際単位系（**SI**）

科学技術の分野では，取り扱う数値は数ではなく物理量である。したがって，数値には単位が必要となる。ただし，科学技術の分野では，はねかえり係数やひずみのような無次限のものもある。

単位がいかに重要であるかわかりやすい例を示す。「君に 100〔　〕あげよう。」と言った場合，〔　〕内に入る単位が通貨の単位だったとすると，単位の違いによりその価値は大きく変わってしまう。〔　〕の中身は，円〔¥〕ではなく，ドル〔$〕やユーロ〔€〕などの外貨であれば，価値はまったく異なったものとなる。

そのものの値（例えば 100 という値）も重要だが，その値の大きさや価値などを示す単位は，科学技術の分野では絶対に無視できない。これが算数と物理の大きな違いだと考えても差し支えない。そこで，工学の分野で多く用いられる基本的な単位系について紹介した後，科学技術の分野における単位計算の例を示す。

〔*1*〕**国際単位系**（**SI**）　　SI は，フランス語 Système International d'Unités（英語で International System of Units）の頭文字をとったもので，

日本語では「国際単位系」，正式略称は SI（エスアイ）と呼ばれている。SI は実用的な計量単位系として，**表2.1**のような構成となっている。

表2.1 SI の 構 成

SI	SI 単位	基本単位（7種類） 補助単位（2種類）	表2.2 参照 表2.3 参照
		組立単位	固有の名称をもつ組立単位 その他の組立単位	表2.4 参照 表2.5 参照
	接頭語（16種類） SI 単位の 10 の整数乗倍		表2.6 参照

〔**2**〕**基 本 単 位** 法則などに従って量を定めるには，基本となる量を最小限決めておく必要がある。その基本となる量は他の量とは無関係に独立している量であり，これを基本量と呼んでいる。国際単位系（SI）では，長さ，質量，時間，電流，温度，物質量および光度の七つの量を基本量として定義している。これらの基本量の単位を基本単位と呼ぶ。SI における基本単位を**表2.2**に示す。それぞれの定義を以下に示す。

表2.2 SI の基本単位

量	名 称	記 号	量	名 称	記 号
長 さ	メートル	m	温 度	ケルビン	K
質 量	キログラム	kg	物質量	モ ル	mol
時 間	秒	s	光 度	カンデラ	cd
電 流	アンペア	A			

（**1**）**長 さ** 基本単位はメートル〔m〕。もともとは子午線の北極から赤道までの長さの 1 000 万分の 1 を 1 m とすると定められた（地球の 1 子午線方向の円周：$1 \times 10^7\,\mathrm{m} \times 4 = 4 \times 10^7\,\mathrm{m} = 4 \times 10^4\,\mathrm{km}$）。しかし，地球は自転の影響で完全な球形をしておらず，上下につぶれた楕円形となっていることが知られている。また，子午線の長さの計測には誤差があり，1 000 万 m と若干異なることが明らかとなった。そこで，1875 年にメートル原器に刻まれた二つの目盛りの間隔を 1 m と定義した。

しかし，実際の目盛りには幅があり，かつ原器の表面には凹凸があるため，二つの目盛りの中心を 1 m として計測しても，0.1 μm 程度の誤差は生じてし

20   2. データ処理

まう。近代になり高精度の長さが要求されるようになると，この程度の誤差でも十分大きく，さらに高い精度の長さの定義が必要となってきた。そこで，1960 年，国際度量衡総会はクリプトン 86 から得られる光の真空中における波長の 1 650 763.73 倍の長さからメートルを定義した。この倍数はメートル原器の目盛りを 1 m に合わせた値であり，従来の精度よりも 1 桁高い。さらに高精度の長さを定めるために，現在は光速を基準とした長さが定められている。

　もともと光が真空中を伝わる速度もメートル原器から定められており，1975 年には，299 792 458（約 3.0×10^8）m/s とされた。これをもとに長さを定めると，さらに 1 桁精度が向上することから，1983 年には，この光速を確定した値として，そこから逆算しメートルが定義された。すなわち，光が真空中を伝わる 299 792 458（約 3.0×10^8）分の 1 の時間に伝わる行程の長さとされている〔すなわち，光の速度は，299 792 458（約 3.0×10^8）m/s といえる〕。

　(2) 質　　量　　基本単位はキログラム〔kg〕。もともとは 0℃の水の 1 cm^3 のときの質量が 1 g と定義されたが，後に 4℃の水の場合に修正された。これをもとに直径と高さがそれぞれ 39 mm の円柱形の白金-イリジウム合金のキログラム原器が複数個つくられ，この質量が 1 kg と定義されている。

　なお，日本に配布されたキログラム原器は No.6 であり，国際キログラム原器よりも 0.170 mg 大きい。したがって，このキログラム原器から複製品をつくる場合は，0.170 mg の補正が必要となる。国際キログラム原器の質量は，表面吸着や酸化などの影響により年々増加しており，その量は洗浄直後の急速な汚染のほか，年に 1 μg 程度と見られていた。1988 ～ 1992 年の第 3 回各国キログラム原器の定期校正に際して，42 年ぶりに国際キログラム原器の洗浄が行われ，これにより国際キログラム原器の質量は約 50 μg 減少（50 μg は，ちょうど指紋 1 個に含まれる皮脂の質量に相当）したことが明らかとなった。ほかの SI 基本単位は「普遍的な物理量」に基づく定義に改められてきたのに対して，キログラムだけが「人工物に依存」する単位として残っていた。2011 年 10 月 21 日の国際度量衡総会において，キログラム原器による基準を廃止し，新しい定義を設けることが決議され，キログラムをプランク定数 h によっ

て定義することが 2013 年 12 月に提案され，2019 年 5 月 20 日に施行された。

プランク定数 h（$6.626\,069\,57\times10^{34}$Js）に基づく定義では，静止エネルギーと質量の関係式 $E=mc^2$ を用いて（m は質量，c は光の速度で $2.997\,924\,58\times10^8$m/s），ある振動数 ν〔Hz〕の光子のエネルギー（$E=h\nu$）と等しい静止エネルギーをもつ物体の質量を 1 キログラムと定義する。すなわち，キログラムは周波数 $\nu=c^2/h$〔Hz〕の光子のエネルギーに等価な質量である。

（**3**）**時　間**　基本単位は秒〔s〕。もともとは天文学的に定められた天文時であった。1930 年代から 1956 年までは，地球の自転による 1 平均太陽日/86 400（24 時間＝86 400 秒）と定められていた。しかし，地球の自転速度が一定ではなく，100 年ごとに 1/1 000 秒長くなることが明らかとなったため，1956 年に，地球の公転周期より決まる 1 回帰年を基準とした 1 秒に変更された。しかし，この基準も観測データが大量に必要なことや観測精度などが問題となり，長くは基準として用いられなかった。そこで，天文時よりも高い精度（160 万年に 1 秒のずれ）を有する原子時が 1967 年に定められた。これはセシウム 133（^{133}Cs）原子の基底状態に二つの準位があり，一方の準位からもう一方に状態が変化する（＝遷移する）ときの放射を 9 192 631 770 回繰り返す間にかかる時間が 1 秒であると定義されている。

（**4**）**電　流**　基本単位はアンペア〔A〕。これは真空中に 1 m の間隔で平行に置いた無限に小さい円形断面積を有する無限に長い 2 本の直線状導体のそれぞれを流れ，これらの導体の長さ 1 m ごとに 2×10^{-7}N の力を及ぼし合う不変の電流の大きさが，1 A と定義されていた。

2018 年 11 月 16 日の第 26 回国際度量衡総会（CGPM）にて行われたアンペアの定義の改正では，電気素量 e が正確に $1.602\,176\,634\times10^{-19}$C（クーロン）と定義され，電気素量の $6.241\,509\,629\,152\,65\times10^{18}$ 倍が 1 C であることが先に定義された。アンペアの定義は，毎秒 1 C の電荷を流すような電流が 1 A であると定義し直され，前述の定義とは依存関係が逆転することになった。これも長さと同じく，2019 年 5 月 20 日に施行された。

（**5**）**温　度**　基本単位はケルビン〔K〕。水の 3 重点（ある圧力下

22　　2. デ ー タ 処 理

で水と氷と水蒸気とが共存する状態）の熱力学温度（絶対温度）の1/273.16
として定義されていた。しかし，水の3重点による定義よりも，ボルツマン定
数を基準にしたほうがより精度の高い温度の計量が可能となり，低温や高温で
の計測困難を克服できると考えられた。そこで，2018年11月16日の第26回
国際度量衡総会（CGPM）にて行われたケルビンの定義の改正では，ボルツマ
ン定数 k を $1.380\,649 \times 10^{-23}$ J/K とすることによって定まる温度と定義され，
2019年5月20日に施行された。セルシウス温度〔℃〕も SI 単位として用い
てよいとされている。ケルビンとセルシウス温度の関係は，式（2.14）で示
される。

$$t/℃ = (t + 273.15)/K \tag{2.14}$$

　セルシウス温度による温度目盛は，かつては水の凝固点と沸点を基準として
いたが，現在では前述したように定義が変わっており，セルシウス温度の0℃
と水の凝固点，100℃と沸点は，それぞれ厳密には一致しない。2019年の新定
義では水が凍る温度（凝固点）は，273.152519 K であり，0.002519℃であ
る。

　（6）　物 質 量　　基本単位はモル〔mol〕。モルは 0.012 kg の炭素
12（^{12}C）の中に存在する原子の数と等しい数（アボガドロ数）の構成要素を
含む物質量と定義されていた。2019年5月20日に施行された新定義では，ア
ボガドロ定数を正確に $6.022\,140\,76 \times 10^{23}$ とすることとし，これをもとにモル
を定義したので，1モルの炭素12の質量は，12 g ではなく 11.999 999 995 8 g
となった。

　（7）　光　　　度　　基本単位はカンデラ〔cd〕。カンデラは，周波数 540
$\times 10^{12}$ Hz の単色放射を放出し，所定の方向の放射強度が 1 W/sr の 1/683 で
ある光源の，その方向での光度と定義されている。

　（8）　補 助 単 位　　SI における補
助単位を**表2.3**に示す。それぞれの定
義を以下に示す。

　（9）　平 面 角　　基本単位はラ

表2.3　SI の補助単位

量	名　称	記　号
平面角	ラジアン	rad
立体角	ステラジアン	sr

ジアン〔rad〕。ラジアンは円周上で，その半径に等しい長さの弧を切り取る2本の半径の間に含まれる平面角と定義されている。

(10) 立 体 角　基本単位はステラジアン〔sr〕。ステラジアンは球の中心を頂点とし，その球の半径を1辺とする正方形の面積と等しい面積をその球の表面上で切り取る立体角と定義されている。この単位はある点からの放射強度を測定するときに使用される。カンデラの定義でワット毎ステラジアン〔W/sr〕として用いられている。

〔3〕 組 立 単 位　定義や法則に基づいて，基本量を組み合わせてつくられる量を組立量という（例えば，速度という組立量は，長さと時間で定義される組立量である）。このような組立量の単位を組立単位といい，固有の名称をもつ組立単位を**表2.4**に示す。

そのほか基本単位から表される組立単位の例を**表2.5**に示す。

〔4〕 接 頭 語　科学技術の分野では，非常に小さな数値から大きな数

表2.4　固有の名称をもつ組立単位

量	名　称	記　号	組立および補助単位による定義
周 波 数	ヘルツ	Hz	s^{-1}
力	ニュートン	N	$kg \cdot m/s^2$
圧力，応力	パスカル	Pa	N/m^2
エネルギー，仕事，熱量	ジュール	J	$N \cdot m$
仕事率，工率，動力，電力	ワット	W	J/s
電荷，電気量	クーロン	C	$A \cdot s$
電位，電位差，電圧，起電力	ボルト	V	$J/C, W/A$
静電容量，キャパシタンス	ファラド	F	C/V
（電気）抵抗	オーム	Ω	V/A
（電気の）コンダクタンス	ジーメンス	S	$Ω^{-1}$
磁 束	ウェーバ	Wb	$V \cdot s$
磁束密度，磁気誘導	テスラ	T	Wb/m^2
インダクタンス	ヘンリー	H	Wb/A
セルシウス温度	セルシウス度または度	℃	
光 束	ルーメン	lm	$cd \cdot sr$
照 度	ルクス	lx	lm/m^2
放 射 能	ベクレル	Bq	s^{-1}
質量エネルギー分与，吸収線量	グレイ	Gy	J/kg
線 量 当 量	シーベルト	Sv	J/kg

24　　2. デ ー タ 処 理

表2.5 基本単位から表される組立単位の例

量	単位の名称	単位記号
面　　　積	平方メートル	m^2
体　　　積	立方メートル	m^3
速　　　さ	メートル毎秒	m/s
加　速　度	メートル毎秒毎秒	m/s^2
波　　　数	毎メートル	m^{-1}
密　　　度	キログラム毎立方メートル	kg/m^3
電 流 密 度	アンペア毎平方メートル	A/m^2
磁界の強さ	アンペア毎メートル	A/m
（物質量の）濃度	モル毎立方メートル	mol/m^3
比　体　積	立方メートル毎キログラム	m^3/kg
輝　　　度	カンデラ毎平方メートル	cd/m^2

表2.6 接 頭 語 一 覧

単位に乗じる倍数	接　頭　語	
	名　称	記　号
10^{18}	エクサ	E
10^{15}	ペ　タ	P
10^{12}	テ　ラ	T
10^9	ギ　ガ	G
10^6	メ　ガ	M
10^3	キ　ロ	k
10^2	ヘクト	h
10^1	デ　カ	da
10^{-1}	デ　シ	d
10^{-2}	センチ	c
10^{-3}	ミ　リ	m
10^{-6}	マイクロ	μ
10^{-9}	ナ　ノ	n
10^{-12}	ピ　コ	p
10^{-15}	フェムト	f
10^{-18}	ア　ト	a

値まで扱うので，このような場合の数値の表現には接頭語を使用する。例えば，鋼の縦弾性係数（ヤング率）は，約 205 000 000 000 Pa であるが，指数で示す 2.05×10^{11} Pa と示すよりも，接頭語を用いて 205 GPa と表記するのが一般的である。おもな接頭語は 10^3 ごとに表現される。**表2.6** に 16 種類の接頭語についてまとめて示す。

2.1.5　単 位 の 計 算

科学技術では，非常に小さな数値から大きな数値を用いた計算をするので，このような小さな値から大きな値までの計算が可能な関数電卓を用いる場合が多い。最近では高次な指数を扱うことが可能な関数電卓が安価で入手できるようになったが，このような機能をもたない電卓を用いて計算すると非常に面倒であり，そのために桁数を間違えたりすることが多い。このような場合，桁計算は電卓を用いずに行い，数値計算だけを電卓で行ったほうが間違うことが少ない。

2.1 有効数字と単位　　*25*

> **例 2.9**　　地球から太陽までは，光（約 3.0×10^8 m/s）で約 8 分 19 秒かかるといわれている。地球から太陽までの距離を計算せよ。

【解】　距離 $x =$ 速度 $v \times$ 時間 t なので

$$3.0 \times 10^8 \, \text{m/s} \times (8 \times 60 + 19) \text{s} = 3.0 \times 10^8 \, \text{m/s} \times 499 \, \text{s}$$
$$= 1\,467 \times 10^8 \, \text{m}$$
$$= 1.467 \times 10^{11} \, \text{m}$$
$$= 1.5 \times 10^8 \, \text{km}$$

> **例 2.10**　　鋼（α-Fe）は 1 辺が約 0.287 nm の立方体形状の単位格子からなっており，これに含まれる Fe 原子は 2 個とされている。今，1.000 cm^3 の鋼があったとすると，含まれる Fe 原子の数はいくつか計算せよ。

【解】　1.000 cm $= 1 \times 10^{-2}$ m，0.287 nm $= 0.287 \times 10^{-9}$ m なので，含まれる原子の数は

$$(1.000 \times 10^{-2} \, \text{m} \div 0.287 \times 10^{-9} \, \text{m})^3 \times 2 = (3.484 \cdots \times 10^7)^3 \times 2$$
$$= 42.30 \cdots \times 10^{21} \times 2$$
$$= 84.60 \cdots \times 10^{21}$$
$$= 8.460 \times 10^{22} \, \text{個}$$

2.1.6　量や単位，記号の表記に関する注意点

　ある量を表記する際には数値と単位が必要であることは前に述べた。その際，量記号や単位記号などの表記をおのおの異なった形式で記述すると混乱や誤解が生じてしまう。そのため，表記は統一した基準に従ったほうが便利である。本項では，国際標準化機構（ISO：International Organization for Standardization）が 2009 年に第 1 版として発行した，量および単位に関する国際規格である ISO 80000-1 に基づいて制定された日本産業規格（JIS：

26   2. データ処理

Japanese Industrial Standards) の JIS Z 8000-1（量及び単位 - 第1部：一般，2014）と，数学記号に関しては，ISO 80000-2 に相当する JIS Z 8201（1981）を参照し，量や単位，記号の表記に関するおもな注意点を述べる。

〔**1**〕 **量と単位，数値**   まずは量と単位，数値の概念について述べる。ある【量】は【数値】と【単位】との積なので，無次元量以外の量を表す場合には，数値に単位を付けなければならない。ある量の記号を Q，単位記号を $[Q]$，単位 $[Q]$ で表した量 Q の数値を $\{Q\}$ とすれば，量 Q は式 (2.15) のように表す。

$$Q = \{Q\} \cdot [Q] \qquad\qquad (2.15)$$

また，【数値】$\{Q\}$ は【単位】$[Q]$ に対する【量】Q の比であるから

$$\{Q\} = Q/[Q] \qquad\qquad (2.16)$$

と表す。例えば，【長さ】$L = 2.3\,\mathrm{m}$ という表記は，ある長さが，メートルで表した【長さの数値】2.3 と【単位】である m との積であることを意味している。また【数値】は【量】／【単位】であるから，【数値】を表す場合には

$$L/\mathrm{m} = 2.3 \qquad\qquad (2.17)$$

と表記する。この表記は<u>グラフの軸キャプションや表見出しに使用する</u>。グラフの軸や表中には【数値】が記入されており，その【数値】は【量】を【単位】で割った値だからである。グラフの軸キャプションには，「長さ L [m]」や「長さ L, m」といった表記が使われることが多く，学術雑誌などにおいても独自の指定が存在することがある。しかしながら，ISO や JIS により規定された表記規則に準ずることが好ましいので，本書では本表記を採用することにする。

〔**2**〕 **表記に関する規則**   量や単位などの表記に関する規則を以下にまとめる。簡単にいえば，「変数や変動量」は斜体（イタリック体）を使用し，「それ以外の単位や数，記号」は直立体（ローマン体）を使用すると覚えておけばよい。

（**1**） **量 記 号**   量記号を表記する場合は，ラテン語またはギリシャ語のアルファベットを用い，斜体で表示する。マッハ数 Ma などの特性数はア

ルファベット 2 文字で表し，1 文字目はつねに大文字とし，斜体で表示する。また，ボルツマン定数 k などの基本定数記号も斜体で表示する。例：ρ（密度），p（圧力），T（温度），Re（レイノルズ数）など。

（**2**）　**添　え　字**　　物理量または順序数のような数学的な「変数」を表す添え字は斜体で表示する。そのほかの「単語」や「数」を表す添え字は直立体で表示する。以下に例を挙げる。

- C_p の p は圧力 pressure を表すので斜体
- C_g の g は気体 gas を表すので直立体
- C_i の i は順序数なので斜体
- C_3 の 3 は数を表すので直立体
- F_x の x は x 方向成分を表すので斜体
- μ_r の r は相対的 relative を表すので直立体

（**3**）　**量記号の合成**　　積を表す場合は以下のいずれかの方法で表記する。

$$ab, \quad a\,b, \quad a{\cdot}b, \quad a{\times}b$$

ただし，ベクトル演算では $a{\cdot}b$（内積），$a{\times}b$（外積）は区別される。除算を表す場合は以下のいずれかの方法で表記する[†]。

$$\frac{a}{b}, \quad a/b, \quad a\,b^{-1}, \quad a{\cdot}b^{-1}$$

（**4**）　**量**　　量を表示する場合，数値の後に単位記号をおき，数値と単位記号との間に半角スペースを入れる。これは，パーセント％やパーミル‰，セルシウス度℃も例外ではない。この規則も日本語文章では適用されないことが多くスペースが挿入されていない文章が目立つが，JIS Z 8000-1 においては例外なしに適用となっているので注意すること。パーセントに関しては外国語圏においてもスペースを入れないことがある。例：2.3 m，1.1×10^{-3} m，2.5 %

[†]　2 項演算子（+，−，±，×，·）および関係を表す記号（=，<，>，≦，≧）の両側には半角スペースが必要であるが，斜線（/）にはスペースが不要である。ただし，JIS Z 8000-1 においては，「我が国では記号の両側にはスペースを入れなくてもよい」とあり，日本では記号の両側にスペースを入れないことが多いことを反映している。しかしながら，英語で文章を書く際には演算子記号などの両側に半角スペースを挿入しなければならないので気をつけること。

28 　2. データ処理

など。

（**5**）　**単　　　位**　　単位記号は直立体で表示する。例：m（メートル），kg（キログラム），N（ニュートン）など。

（**6**）　**数**　　数字は直立体で表示し，小数点記号から左右に3桁のグループに分離してもよいが，カンマは用いない。例えば1 234.567 8とする。JIS Z 8000-1において例外規定はないが，位取りのカンマは慣習的に使われることが多い。

（**7**）　**化 学 元 素**　　化学元素は直立体で表示する。例：Na，CO_2など。

（**8**）　**数 学 記 号**　　数学記号や演算記号，数値が一般的に定められている定数の記号は直立体で表示する。例：π（円周率），e（自然対数の底），sin, cos, tan（三角関数），exp（指数），log（対数）など。また，微分演算記号も直立体で表すので，$\mathrm{d}x/\mathrm{d}t$ や $\int f(x)\mathrm{d}x$ と表示する。

2.2　表とグラフの作成

2.2.1　表やグラフの効果

　図表は，レポートあるいはプレゼンテーションの内容を理解しやすくするための要素である。文章だけでは説明しにくい，あるいは文章では記述不能な内容，例えば，複数項目の情報やデータの比較対照，物の形状や様態の説明，あるいはデータの提示などに利用される。科学的レポートあるいは科学的プレゼンテーションにおいては，情報を整列した形式で提示した表および図の一種で，データを視覚的に提示できるグラフは各種情報やデータをわかりやすくまとめるために非常に重要な構成要素であり，これらを効果的に使うことができれば，伝えたい内容を確実に受け手に伝えられることになる。

　表は分類あるいは整理可能な情報をマス目の中に並べて表示したものである。多数の情報が整然と一覧形式で提示されることにより，情報を直感的に理解でき，また正確な数値を提示できるという利点がある。数や換算表のような表では，数値を提示することに意味があるので，たとえデータ量が多くなって

2.2 表とグラフの作成　　29

も表を利用するが，一般には数十以上のデータの提示に表を用いると，提示した情報を読み取れない恐れがあるので，グラフなどを利用すべきである。

　表の効果的な利用法の例を**図2.3**に示す。図は同じ内容の記述において，表の有無を比較したものである。図中（a）および（b）はともに使用した機器の設定に関する記述であるが，（a）は文章のみで記述した場合，（b）は使用した機器と設定などの仕様を表にまとめたものである。（b）は使用した機器とその設定項目が一目瞭然であるが，（a）は使用機器と設定項目が羅列してあり，一見しただけでは機器の使用状況を把握するのが難しい。このように，表をうまく利用すると非常にわかりやすくレポートをまとめることができる。プレゼンテーションにおいても，文章の多用は内容の理解の妨げになるので，表の利用は有効といえる。

使用した機器およびその設定を表Xに示す。

表X　使用した機器と設定

機　器	設定項目	設定値
信号発生器	発生波形 信号振幅 周波数	正弦波 0.1 Vrms 250 Hz
直流電源	出力電圧	±15 V
ディジタル マルチメータ	有効桁数 測定項目 レンジ	4桁 直流電圧 ±10 V
オシロスコープ	周波数帯域 スイープ速度 感　度 入力モード	100 MHz 1 µs/DIV 100 mV/DIV AC モード

　使用した機器は，信号発生器，直流電源，ディジタルマルチメータおよびオシロスコープである。信号発生器は正弦波モード，振幅は 0.1 Vrms で 250 Hz の信号を発生させ，直流電源からは ±15 V を供給した。ディジタルマルチメータは有効桁数 4 桁のものを用意し，直流電圧モードで ±10 V レンジにて使用，オシロスコープは周波数帯域 100 MHz のものを用意し，スイープ速度 1 µs/DIV，感度 100 mV/DIV，入力は AC モードで使用した。

（a）　文章のみで記述した場合　　　　　（b）　表を使用した場合

図2.3　表の効果的な利用法の例

　グラフは伝えたい内容がデータである場合に利用され，数値をグラフの形状で表現することにより，データを視覚的，直感的に把握することができるという利点があるが，一方で正確な数値を示すことができないという欠点もある。

図2.4にグラフの効果的な利用の例を示す。図ではデータを表またはグラフで提示し，そのデータに対して考察を加えている。（a）はデータを表で示した場合であるが，数値を見ただけでは電流と電圧が比例関係にあることをすぐに読み取ることができない。一方，（b）のグラフで示した場合では，比例関係にあることおよび測定結果が理論値の近傍に分布していることをひと目で把握することができるため，考察の文章が説得力をもつ。

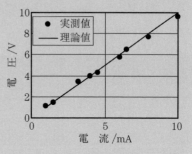

1 kΩ の抵抗における電流と電圧の測定結果およびその理論値を表 X に示す。

表 X 抵抗の電流電圧特性

電流 /mA	電圧 /V (実測値)	電圧 /V (理論値)
1.0	1.10	1.00
1.5	1.44	1.50
3.2	3.45	3.20
4.0	3.99	4.00
4.5	4.32	4.50
6.0	5.78	6.00
6.5	6.50	6.50
8.0	7.70	8.00
10.0	9.60	10.00

表 X より，電流と電圧は比例関係にあることがわかる。また実測値は理論値に近い値を示しており，測定の精度は十分であるといえる。

1 kΩ の抵抗における電流と電圧の測定結果およびその理論値を図 X に示す。

図 X 電流と電圧の関係（抵抗値 1 kΩ）

図 X より，電流と電圧は比例関係にあることがわかる。また実測値は理論値に近い値を示しており，測定の精度は十分であるといえる。

（a）データを表で示した場合　　（b）データをグラフで示した場合

図2.4　グラフの効果的な利用の例

このように，データを示す場合にはグラフは非常に威力を発揮する手段であるが，測定時の誤差がどの程度あるのかなどを比較したい場合など，表で提示することが必要な場面も存在するため，適材適所で表あるいはグラフを選択して利用することが必要となる。

2.2.2 表の原則

表は多数の情報を整理して表示する際に使用され，一般に罫線で区切った枠の中に各項目を整列し提示する．情報が多くなりすぎるような場合にはあらかじめ情報量を減らしてから表を作成することも必要である．また，数値を提示する場合，データ量が多いときにはグラフの利用を検討することも必要である．

例えば，**表2.7**は2年分のデータを比較した例であるが，比較するデータが例えば5年分である場合には**表2.8**のようになる．この場合，同じデータをグラフで表現すると**図2.5**に示すようになる．この程度の情報量であれば表，グラフどちらを用いても問題ないが，文書の内容などを考慮し，適切な提

表2.7 表の例
表X 石炭と石油による発電電力量の比較

年 度	発電電力量/(億 kW·h)	
	石 炭	石 油
2000	1 732	868
2004	2 397	798

（出典：エネルギー白書2006（資源エネルギー庁）より作成）

表2.8 表とグラフの比較（表の場合）
表X 石炭と石油による発電電力量の推移

年 度	発電電力量/(億 kW·h)	
	石 炭	石 油
2000	1 732	868
2001	1 894	594
2002	2 093	812
2003	2 244	890
2004	2 397	798

（出典：エネルギー白書2006（資源エネルギー庁）より作成）

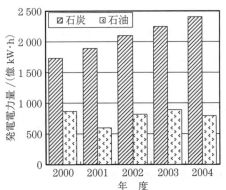

図X 石炭と石油による発電電力量の推移

図2.5 表とグラフの比較（グラフの場合）

32   2. データ処理

示方法を選択すべきである。

　表作成に必要な項目とその記述法を以下に示す。研究発表などを行う際に学会に提出する抄録や予稿，学会への投稿論文などでは表を記述する際の書式が厳密に定められている場合があるのでそれに従う。

　〔1〕　**キャプション**　　本書では以下に示す「表番号」と「タイトル」をまとめてキャプションと呼ぶ。図表では必ずこれらの項目が並べて提示されるので，ひとまとめにしてこのように呼ばれることが多い。

　〔2〕　**表　番　号**　　文章中における表の参照順に番号を付ける。タイトルの前に空白を挟んで「表1」，「Table 1」のように示すか，長い文章では章や節の番号を付けて，例えば，*2*章の文章中で最初に参照される表は「表*2.1*」のように，*2.3*節の文章中で5番目に参照される表は「表*2.3.5*」のように示す。工学分野では，表番号および表タイトルは表本体の上に提示することが多い。

　〔3〕　**タ　イ　ト　ル**　　表の内容を示す簡潔な説明文である。表番号の後に空白を挟み，続けて記載する。一般的に「原子力による発電量の比較」などのように，体言止めで記述する。

　〔4〕　**罫　　　　線**　　表を構成する各項目を隔てるために罫線を引く。実線，二重線が多く利用され，その太さや使用箇所を適切に選択することにより見やすい表を作成することができる。罫線で区切られた枠をセル，縦方向のセルの並びを列，横方向の並びを行と呼ぶ。後述する分類表などでは，複数の列方向あるいは行方向のセルを結合する場合もある。

2.2.3　表の種類と特徴

　表にはその目的や提示する情報の種類によりさまざまなものがある。以下に技術レポートでおもに利用される表の種類と特徴を述べる。

　〔1〕　**一　般　表**　　提示する情報を複数のたがいに関連する項目ごとに提示した表である。情報を対応付けながら列挙する場合に有効である。**表*2.9*** に例を示す。

2.2 表とグラフの作成　　33

表2.9 一般表の例
表X　使用した測定器

直流電源	東都電子測器, PS 20-1
発振器	南武計器, FG-3300
オシロスコープ	蔵西工業, OSS-1004
周波数カウンタ	北大路計測器, FC-7002

表2.10　分類表の例
表X　半導体の分類

端子数	大分類	中分類	小分類
2	ダイオード	整流用	ダイオード
		発光用	LED
		受光用	フォトダイオード
		基準電圧用	ツェナーダイオード
3	トランジスタ	バイポーラ型	バイポーラトランジスタ
		電界効果型	接合型 FET MOSFET
	サイリスタ	—	サイリスタ

〔2〕　**分類表**　　類型化された情報を提示するときに用いる表である。**表2.10**に例を示す。

例のように，大きい分類の項目を左に配置し，右に行くほど細かい分類にするように配置するのが一般的である。

〔3〕　**比較表**　　情報を行方向または列方向に並べて比較するための表である。**表2.11**に例を示す。

表2.11　比較表の例
表X　水力，LNG および原子力
による発電電力量の変化

年度	発電電力量 /（億 kW·h）		
	水力	LNG	原子力
1969	691	2	0
1989	899	1 498	1 819

（出典：エネルギー白書 2006（資源
エネルギー庁）より作成）

表2.12　順序表の例
表X　人口 10 万人当りのガン死亡率
上位 10 都道府県

順位	都道府県	死亡率 /（人/10 万人）		
		全体	男性	女性
1	秋田	336.7	430.7	252.7
2	島根	332.4	420.7	252.0
3	山口	321.6	418.3	235.3
4	高知	317.0	405.7	238.2
5	和歌山	315.1	401.8	237.8
6	長崎	312.9	400.2	236.3
7	佐賀	312.7	381.2	351.7
8	山形	310.3	377.9	247.6
9	新潟	305.6	382.9	233.2
10	青森	305.1	400.0	220.0

（出典：国立がんセンター HP（http://
ganjoho.go.jp）公開データより作成）

34   2. データ処理

例では同じ項目の情報を横に並べ，左右の値を比較できるようになっている。例のような比較対象が少数である場合，あるいは正確な数値を示して比較したい場合には比較表が適しているが，比較する対象が多数となる場合には，グラフの利用を検討すべきである。

〔4〕 **順位表（順序表）**　　特定の項目について順序付けを行い，その順に情報を並べた表である。順序付けされた項目以外に付帯情報を示し，順序との関連を示すときに用いられる。**表2.12**にその例を示す。

例ではガンによる死亡率で都道府県が順位付けされ，その内訳として男女別の死亡率の情報が記載されている。

2.2.4　グラフの原則

グラフはデータを形状として提示することにより，データの大きさや動向，推移を直感的に理解するのに役立つ。提示するデータが少数の場合には表で示すことができるが，数表など，正確な数値を示さなければならない場合を除き，大量のデータを提示する場面ではグラフを利用するのが一般的である。

グラフはいくつかの要素で構成されており，それぞれに記述方法や注意点がある。正しい記述方法で示されたグラフはデータを通して伝えたい内容を示す有効な手段となるが，逆に書式を正しく設定しないと，提示した意味がなくなることがあるので注意する。例えば，数値データをグラフ上に示す場合，表示する値の範囲（数値軸の範囲）は非常に重要である。

図2.6は表示範囲が適切なグラフと不適切なグラフを比較した例である。（a）を見ると発電量が年々増加している様子がよくわかるが，縦軸の範囲を10倍として示した（b）ではほとんどわからない。図2.6は軸の範囲に関する例であるが，これに限らず各部の書式を適切に設定すれば見やすいグラフを作成することができる。

図2.7にグラフ各部の名称を示し，以下にその構成要素を説明する。

〔1〕 **キャプション**　　表の場合と同様に本書では以下に示す「図番号」と「タイトル」をまとめてキャプションと呼ぶ。

2.2 表とグラフの作成

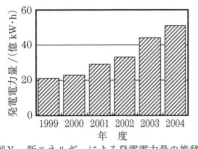
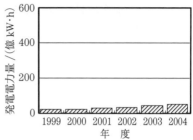

図X　新エネルギーによる発電電力量の推移　　図X　新エネルギーによる発電電力量の推移
（a）　適切な表示範囲の場合　　　　　　　　　（b）　不適切な表示範囲の場合

図2.6　表示範囲が適切なグラフと不適切なグラフを比較した例

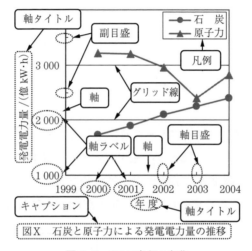

図2.7　グラフ各部の名称

〔2〕**図　番　号**　文章中におけるグラフの参照順に番号を付ける．タイトルの前に空白を挟んで「図1」，「Figure1」，「Fig. 1」のように示す．ここで，「Fig.」は「Figure」の省略形であるため，「Fig. 1」のようにピリオドを必ず付けなければならない．長い文書では章や節の番号を付けて，例えば3章の文章中で2番目に参照されるグラフは「図3.2」のように，5章4節の文章中で3番目に参照されるグラフは「図5.4.3」のように示す．

多くの場合，グラフ以外の図を含めたすべての図に対して通し番号を付け

る。また工学分野では図番号およびタイトルはグラフ本体の下に提示することが多い。

〔3〕 **タイトル**　グラフの内容を示す簡潔な説明文である。図番号の後に空白を挟み，続けて記載する。一般的に「発電量の年度ごとの推移」などのように，体言止めで記述する。

〔4〕 **グラフ本体**　図 2.7 に示したような構成要素からなっている。軸，軸目盛，軸ラベル，軸タイトル，副目盛，凡例の部分はグラフの種類によらずほぼ共通の要素であるが，グラフの種類により位置や形式が異なる。以下にグラフ本体を構成する要素について説明する。

（**1**） **軸**　データを配置する方向を示す線で，一般的には直線で示される。図 2.7 では横方向の軸（横軸，x 軸とも呼ばれる）は年度，縦方向の軸（縦軸，y 軸とも呼ばれる）は発電電力を示しているので，このグラフは上下方向に発電電力の大きさが示され，左右方向に年度の推移が示されていることがわかる。

（**2**） **軸 目 盛**　軸のスケールを示す目盛で，データの絶対値を把握しやすくするために軸上に置かれる。提示するデータ項目により，等間隔（線形）に置く場合と図 2.8 に示すように対数的な間隔で置く場合がある。また，軸のスケールや絶対値をより明確に示すために軸目盛の間隔でグリッド線を表示することがある。図 2.7 の例では横軸はグリッド線を非表示とし，縦軸はグリッド線を表示してある。

（**3**） **軸ラベル**　軸が示す値の絶対値や項目を示すために置かれる数字または文字列である。軸が数値である場合（数値軸と呼ぶ）にはデータの絶対値を示し，数値でない項目

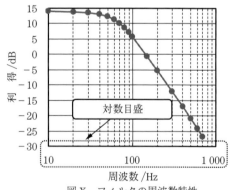

図 X　フィルタの周波数特性

図 2.8　対数軸の使用例

を示す場合にはその名称などを示す。数値軸の場合には見やすさを考慮して軸ラベルを適切な間隔で置く必要がある。

（**4**）　**軸タイトル**　　軸が何のデータかを示す文字列である。物理量を明記し，単位は除算で表記する。物理量を表す記号を記入することもある。例：長さ L/m。

（**5**）　**副目盛**　　軸目盛は軸のスケールを示す目的であるが，データの絶対値をより正確に把握するために軸目盛より小さい間隔で軸上に副目盛を置く場合がある。図 2.7 に示した例では軸目盛の半分の間隔で置かれているが，間隔やグリッド線を引くかどうかなどは見やすさなどを考慮しながら適宜決定する。グラフが煩雑になることを避けるため，副目盛には通常軸ラベルを設定しない。図 2.7 の縦軸は副目盛のグリッドを省略した例であり，図 2.8 の横軸は副目盛のグリッドを表示した例である。

（**6**）　**凡例**　　一つのグラフ中に複数のデータを提示した場合，各データが何を意味しているかをわかりやすくするために凡例を提示する。図 2.7 に示した例ではグラフの提示に用いるプロットと折れ線の形状や色とデータの説明を対にして示しているが，「点線：データ 1，実線：データ 2，太線：データ 3」のように示すことも可能である。

2.2.5　グラフの種類と特徴

　グラフにはさまざまな種類が存在するが，データの性質や内容，そのデータを利用して何を示したいかといったことを考慮して選択することにより，データを効果的に示すことができる。例えば，特定のデータをさまざまな側面から考察したいときなどには，同じデータをもとに異なる 2 種類以上のグラフを作成して提示するようなことも可能である。

　以下にさまざまな種類のグラフを紹介し，その特徴について述べる。

〔**1**〕　**棒グラフ**　　図 2.9 に例示するように，数値の大きさを棒の長さで示したグラフである。データの大きさについて，その推移や比較をするときに用いると効果的である。

38   2. データ処理

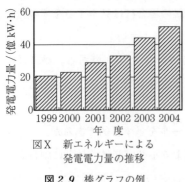

図2.9 棒グラフの例

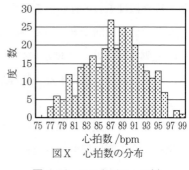

図2.10 ヒストグラムの例

図2.10に示すように，ヒストグラムを示すときにも用いられる。

図2.9の例のように横軸が数値であるときには，図2.11に示すように折れ線グラフを用いて示してもよいが，横軸が例えば「東京都」，「秋田県」など数値以外の項目である場合には折れ線グラフではなく，棒グラフを使用すべきである。一方で棒グラフは大量のデータの提示には向かないので，そのような場合には折れ線グラフを使用すべきである。

〔2〕 **折れ線グラフ**　それぞれのデータをプロットと呼ばれる点で示し，プロットを線で結んだ形式のグラフである。プロットを結ぶ線がプロット間の関係を示すため，時系列的なデータなど，連続性のあるデータを示す場合に用

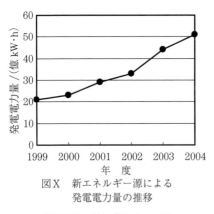

図2.11 折れ線グラフの例

いられる。連続性のない，例えば統計的なデータなどには後述の散布図を用いるなど，同じプロット点をもつグラフでもデータに応じて使い分けが必要である。図2.11にその例を示した。この例でわかるように，発電電力量の年度ごとの値がプロットで，推移が折れ線で示されている。

複数の項目を一つのグラフ上に示

したい場合には，プロットの形状や色，あるいはプロットを結ぶ線の種類，色あるいは太さを変えることにより，異なる項目であることがひと目でわかるように工夫する．**図2.12**に例を示す．この例では5項目のデータを示しているが，プロットの形状と線の種類を変えることにより各項目を区別している．

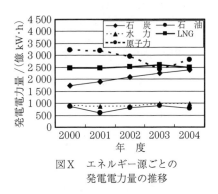

図X　エネルギー源ごとの
　　　発電電力量の推移

図2.12　複数の項目を同時に示した
　　　　　折れ線グラフの例

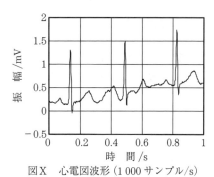

図X　心電図波形（1 000 サンプル/s）

図2.13　折れ線グラフによる大量
　　　　　データの表示例

　プロットどうしが重なってしまうような大量のデータを折れ線グラフにする場合には，**図2.13**に示すようにプロットを表示せず，線のみにすると見やすいグラフとなる．ただし，プロットにはデータ点の近傍に一定の面積をもった印を付けることにより測定誤差の存在を示すという目的もあるため，測定データをグラフにする場合には安易にプロットを取り除くべきではない．

　〔**3**〕**散布図**　　データの分布を平面上に示したグラフである．多くの場合，平面上に2項目の数値軸を設定し，平面上の点として1組のデータを表現する．したがって，2項目1組となった1 000組のデータがあれば，グラフ上には1 000個のプロットが置かれる．プロット点のみを示して，データのばらつきの程度や平均値から外れた値の分布などを判断する場合に多く用いられる．**図2.14**に例を示す．一つのプロットの位置はある恒星のもつ二つの性質を示しており，恒星の性質がどのように分布しているのかが示されている．

　〔**4**〕**円グラフ**　　全データ項目の合計を100%として円の面積に対応させ，各項目の値を全体に占める割合として扇形の面積に対応させて表示したグ

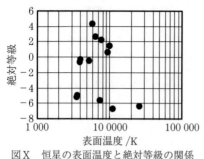
図X 恒星の表面温度と絶対等級の関係

図2.14 散布図の例

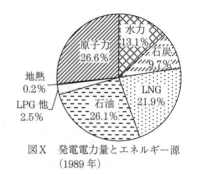
図X 発電電力量とエネルギー源
(1989年)

図2.15 円グラフの例

ラフであり，一つの円が1組のデータを示す。**図2.15**に例を示す。このように，各項目の全体に占める割合がひと目でわかるという特徴があるが，データの絶対値の情報を示すことはできない。

各項目が全体に占める割合を年度ごと，国ごとなどに比較したい場合には，**図2.16**に示すように円グラフを複数並べて示してもよいが，つぎに示す帯グラフを利用したほうがわかりやすい。

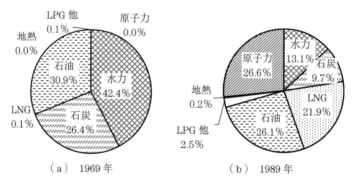
図X 発電電力量とエネルギー源の変化

図2.16 円グラフによるデータの比較

〔5〕**帯グラフ**　全データ項目の合計を100%として，一定の長さの帯（棒）に対応付け，各項目の値をそのうちの割合として帯の長さに対応させて表示したグラフである。一つの帯が1組のデータを示す。データの提示目的は

円グラフと同じであるが，年度ごと，国ごとなど，2組以上のデータ間の比較を行う場合に有効である．図2.17に例を示す．このグラフは図2.16に示した円グラフを帯グラフに直したものである．円グラフで示した場合に比べ，項目ごとの比較が容易であることがわかる．

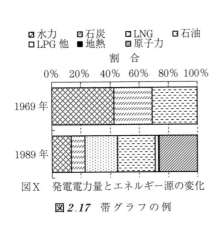

図2.17 帯グラフの例

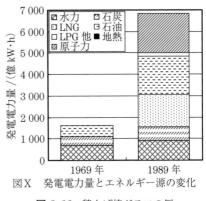

図2.18 積上げ棒グラフの例

〔6〕**積上げ棒グラフ** 棒グラフと同様，データの絶対値が棒の長さに対応するが，各項目の構成比率も表現できるよう，各項目のデータを示す棒を縦に積み上げて示す．棒グラフと帯グラフ両方の機能を併せもつという特徴がある．図2.18に例を示す．

図2.18の例は，図2.16および図2.17と同じデータから作成したものであり，全体に占める割合を把握できる点では円グラフあるいは帯グラフと同様であるが，データの絶対値も同時に把握できるという点が二つのグラフとは異なる点である．

〔7〕**エラーバー** グラフに示されたデータがどの程度の変動幅をもっているのかを直感的に示す目的で表示される．グラフに示されたデータが複数のデータの統計的代表値である場合に利用することができる．

図2.19は棒グラフにエラーバーを適用した例である．この例は2名の心拍数の平均値を比較したグラフであり，棒の上側に出たバーが最大値を，下側に出たバーが最小値を示している．このようなデータを示す場合，棒のみによ

2. データ処理

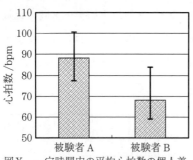

図X 一定時間内の平均心拍数の個人差
（エラーバーは最大値，最小値を示す）

図2.19 棒グラフにエラーバーを適用した例

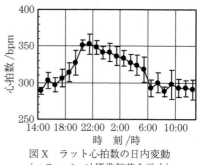

図X ラット心拍数の日内変動
（エラーバーは標準偏差を示す）

図2.20 折れ線グラフにエラーバーを適用した例

る表示では平均値のもととなったデータの変動範囲が不明である．ここに，エラーバーを使用してデータの最大値と最小値を同時に示せば，図2.19に示したように各データがとりうる値の範囲も同時に示すことができる．

図2.20は折れ線グラフにエラーバーを適用した例である．この例では特定の時刻における心拍数を示す各プロットは複数のデータの平均値となっており，これに標準偏差（2.3節で詳述）を示すことにより時刻によってばらつきの度合いが異なるかどうかなどの判別が可能となる．このグラフのエラーバーは上側が平均値＋標準偏差，下側が平均値－標準偏差を示している．

図2.20の例では平均値に対する最大値および最小値，あるいは平均値に対する標準偏差をエラーバーで示したが，代表値として中央値（2.3節参照）を使用する場合もあり，グラフの目的によって代表値として平均値を利用するのか中央値を利用するのか，またエラーバーとして最大最小を利用するのか標準偏差を利用するのかは適宜使い分けが必要である．

一般に，ばらつきのあるデータを多数集めたときの分布は**図2.21**のような正規分布に従うことが多く，この場合には標準偏差を示せばデータがどのような分布をしているかを把握することができるため，平均値と標準偏差の組合せが多く用いられるようである．標準偏差は2.3節で詳しく説明する．

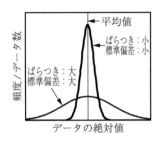

図 2.21 統計的データのばらつきと正規分布

2.3 データの統計分析

データを定量的に扱うために,統計処理を用いると効果的である.本節では,その基礎的な項目を Excel による計算例を示しながら説明する.

2.3.1 平均・最大・最小

〔1〕**算術平均** 表 2.13 に,あるサッカーチーム A の選手 11 人の身長を示す.

表 2.13 サッカーチーム A の選手の身長

番 号	1	2	3	4	5	6	7	8	9	10	11
身長 /cm	188	186	187	187	185	186	165	189	192	170	183

このデータを見ると,180 cm 以上の長身選手がほとんどであることがわかる.このチームのいわゆる平均身長は,式 (2.18) のように計算される.

$$(188+186+187+187+185+186+165+189+192+170+183) \div 11$$
$$= 2\,018 \div 11 = 183.45\cdots = 183 \qquad (2.18)$$

これより,このチーム A の平均身長は 183 cm であることがわかった.データから身長の平均値を計算すると,そのチームが平均的に背の高い「大型チーム」であることを確認できる.このように,データ x_i を合計し,データ数 N で割った式 (2.19) の $\bar{x}$ を**算術平均**と呼ぶ ($\bar{x}$ は x バーと読む).

$$\bar{x} = \frac{1}{N}\sum_{i=1}^{N} x_i \tag{2.19}$$

例2.11 算術平均の Excel による計算

Excel に表2.13の表を作成し，番号1～11の選手の平均値を計算しよう。いちばん簡単な方法は，身長が入力されているセルの合計を11で割ることであるが，Excelでは平均などを計算するための便利な関数が用意されている。

【解】 Excel での計算例を図2.22に示す。

図2.22 平均値の計算

例2.12 Excel で表2.13と，**表2.14**に示すサッカーチームBの選手11名の身長を入力し，それぞれの平均身長を計算せよ。例2.13，例2.14も同じシートに作成せよ。

表2.14 サッカーチームBの選手の身長

番号	1	2	3	4	5	6	7	8	9	10	11
身長/cm	187	183	184	179	182	183	180	183	181	178	182

【解】 解答例を図 2.23 に示す。

図 2.23 平均身長の計算（解答例）

〔2〕 **最大・最小** データの最大値や最小値は，データが分布する範囲を把握するために重要である。

例 2.13　チーム A と B それぞれのチームの最大・最小の身長を Excel の MAX 関数と MIN 関数を用いて算出せよ。
【解】 図 2.23 参照。

棒グラフを用いると最大値や最小値を容易に見いだすことができる場合も多い。

例 2.14　チーム A と B の各選手の身長を棒グラフで表せ。
【解】 解答例を図 2.24 に示す。

46   2. データ処理

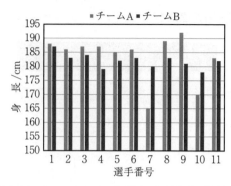

図2.24 チームAとBの各選手の身長比較（解答例）

2.3.2 度数分布とヒストグラム

図2.24を見ると，チームAと比較してチームBが全体的に身長が低いことがわかる．しかし，身長の算術平均を計算するとチームAが183 cm，チームBは182 cmとなり，あまり大きな違いはない．この原因を検討するには**度数分布**と**ヒストグラム**を用いるのが便利である．度数分布は**データを大きさに**

表2.15 チームAの選手身長の度数分布

級/cm	165	170	175	180	185	190	195
累積度数	1	2	2	2	4	10	11
度　数	1	1	0	0	2	6	1

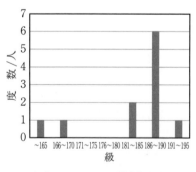

（a）チームAの選手身長の
　　　ヒストグラム

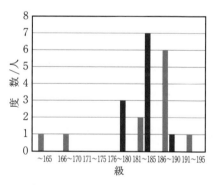

（b）チームAとBの選手身長の
　　　ヒストグラム

図2.25 表2.15をグラフで表した図（ヒストグラム）

よっていくつかの級に分け，おのおのの級に入るデータの数（度数）の分布を示したものである。5 cm 単位で級に分けた場合のチーム A の度数分布は**表 2.15** のようになる。これをグラフで表すと**図 2.25**（a）のようになる。度数分布を棒グラフで表現したものをヒストグラムと呼ぶ。

例 2.15　　チーム A と B の身長の度数分布を同一のヒストグラムで表現せよ〔図 2.25（b）〕。度数は FREQUENCY 関数を用いて計算できる。

【解】　**図 2.26** に度数を求める例を示す。B 6 〜 B 16 のデータについて G 7 のセルの級（166 〜 170 cm）の累積度数（170 cm 以下の人数）を求めたい場合は，H 7 のセルで `=FREQUENCY(B$6:B$16,$G7)` とする。これは，セル範囲 B$6：B$16 で $G7（= 170）以下の人数（累積度数）を計算するという意味である。H 6 〜 H 12 の他のセルも同様である。166 〜 170 cm の度数を求めるには，セル I7 に計算式 `=H7-H6` を入れる。

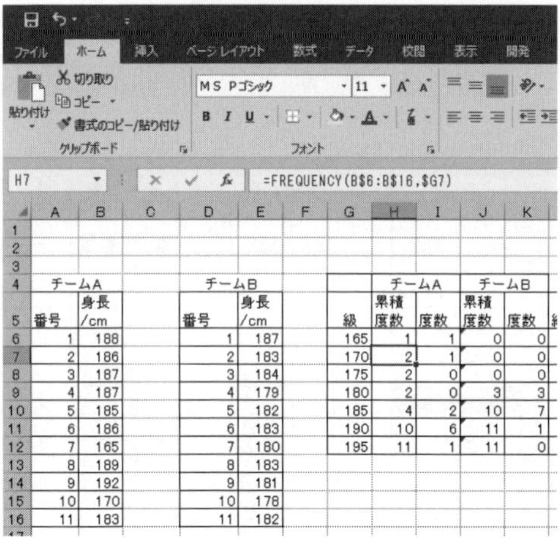

図 2.26　度 数 の 計 算

48   2. データ処理

2.3.3 中位数（メディアン）と最頻値（モード）

図2.26から，チームAとBの平均身長に大きな差がないのは，チームA
のほとんどの選手はチームBの選手の身長より大きいが，170 cm以下の選手
がいるために算術平均値が小さくなっているためであることがわかる。このよ
うな場合に便利な別の平均は**中位数（メディアン）**と**最頻値（モード）**である。

（1） 中位数（メディアン）とは，データを大きさの順番に並べた場合に，
　　ちょうど中央に位置するデータの値であり，チームAは186 cm，チーム
　　Bは182 cmとなる。なお，データの数が偶数の場合には，中央に位置す
　　る2個のデータを平均する。

（2） 最頻値（モード）とは，最もデータが集中している部分のことで，ヒ
　　ストグラムなら山の最も高い部分である。チームAとBは図2.26から
　　それぞれ186〜190の級，181〜185の級になる。

例2.16　ExcelでチームAとBそれぞれのメディアンを下記の
3通りの方法で計算せよ（**図2.27**を参照）。

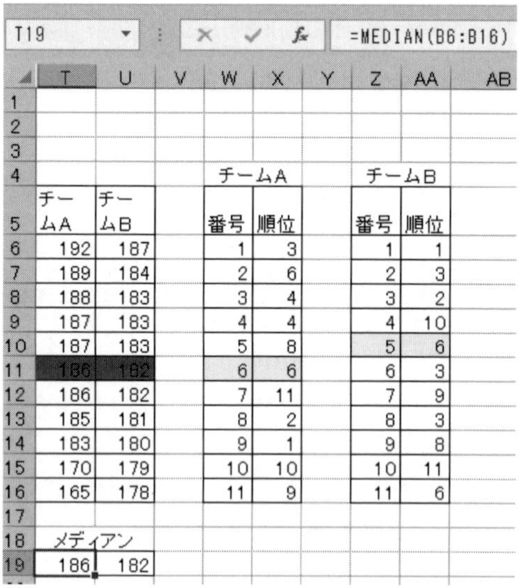

図2.27 並び替え，メディアン，順位の計算

　　　　　　　　　　　　　　　　　　　　2.3　データの統計分析　　49

（1）　メニューボタンの「降順で並び替え」

　　　並び替えたいデータをコピーして選択した後に，「降順で並び替

　　　え」を押して，中位の値が6番目になる。

（2）　メディアンを計算する関数 MEDIAN

（3）　順位を計算する RANK 関数

　　　RANK 関数の書式は，RANK（セル番号，範囲，順序）である。

　　　（例）　B7のセルの，B6〜B16のデータ中の大きい順の順位

　　　を求めたい場合は，$=$ RANK(B7, B6:B16, 0)，小さい順

　　　の順位なら，$=$ RANK(B7, B6:B16, 1)

【解】　図2.27に解答例を示す。

2.3.4　標準偏差と分散（母分散）

　図2.25（b）から，チームBは選手の身長が181〜185の級付近に集中し
ているのに対して，チームAは165 cmから190 cm超まで身長の分布が広が
っていることがわかる。このような度数分布の広がり具合を表すために，**標準
偏差と分散（母分散）**が用いられる。標準偏差をσとおくと，N個のデータ
x_iの標準偏差σは式（2.20a）で与えられる。

$$\sigma = \sqrt{\frac{1}{N}\sum_{i=1}^{N}(x_i - \bar{x})^2} \qquad (2.20\text{a})$$

ここで，$\bar{x}$は式（2.19）の算術平均であり，母分散はσ^2である。

$$\sigma^2 = \frac{1}{N}\sum_{i=1}^{N}(x_i - \bar{x})^2 \qquad (2.20\text{b})$$

　すなわち，分散σ^2は平均値$\bar{x}$からの偏差$x_i - \bar{x}$の二乗和の平均値であり，
標準偏差σはその平方根である。データx_iが平均値$\bar{x}$より離れて分布する
と，分散が大きくなる。チームAとBについて分散σ^2を計算すると，それぞ
れ62と6になり，選手の身長の分布が幅広いチームAの分散が大きくなる。

　このように分散を計算すれば，分布の程度を定量的に把握できる。このほか
に統計分析で広く用いられる分散として，式（2.20c）の**標本標準偏差**$\hat{\sigma}$と

式（2.20d）の標本分散 $\hat{\sigma}^2$ がある。

$$\hat{\sigma}=\sqrt{\frac{1}{N-1}\sum_{i=1}^{N}(x_i-\bar{x})^2} \qquad (2.20\mathrm{c})$$

$$\hat{\sigma}^2=\frac{1}{N-1}\sum_{i=1}^{N}(x_i-\bar{x})^2 \qquad (2.20\mathrm{d})$$

標準偏差および分散の統計的に厳密な意味や，標準偏差・母分散〔式(2.20a)，(2.20b)〕と標本標準偏差・標本分散〔(2.20c)，(2.20d)〕の違い，特に式（2.20c)，(2.20d）で N 個のデータをなぜ $N-1$ で割るのかについては，統計の授業や巻末の参考文献（4）などで詳しく学んでほしい。本書では標準偏差・母分散のみを扱う。標準偏差の実用的な意味については，2.3.8 項で説明する。

例 2.17　チーム A と B の分散（母分散）をそれぞれ下記の 2 通りの方法で計算し，結果を確認せよ。

（1）式（2.20b）の計算式を用いて Excel で計算せよ。計算手順の概略は下記のとおりである。

（ア）データ x_i の平均値 $\bar{x}$ を計算（平均は AVERAGE）

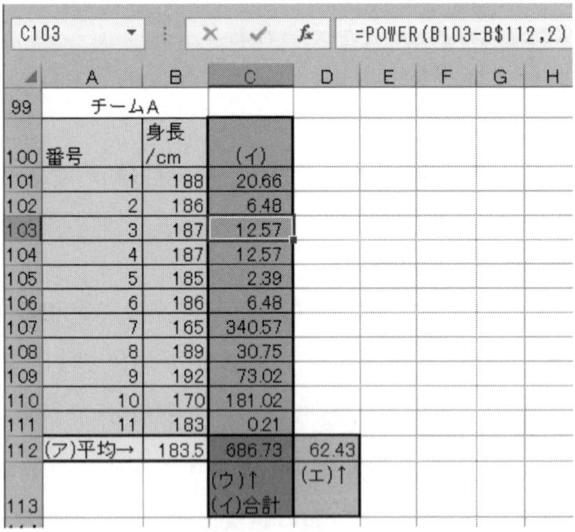

C103　=POWER(B103-B$112,2)

	A	B	C	D
99	チームA			
100	番号	身長 /cm	(イ)	
101	1	188	20.66	
102	2	186	6.48	
103	3	187	12.57	
104	4	187	12.57	
105	5	185	2.39	
106	6	186	6.48	
107	7	165	340.57	
108	8	189	30.75	
109	9	192	73.02	
110	10	170	181.02	
111	11	183	0.21	
112	(ア)平均→	183.5	686.73	62.43
113			(ウ)↑ (イ)合計	(エ)↑

図 2.28　分散の計算

(例) 図 2.28 の B112 のセル =AVERAGE(B101：B111)

(イ) $(x_i - \bar{x})^2$ を計算（x の y 乗は POWER (x,y)）

(例) 図 2.28 の C103 のセル =POWER(B103-B$112,2)

(ウ) $\sum_{i=1}^{N}(x_i - \bar{x})^2$ を計算（合計は SUM）

(例) 図 2.28 の C112 のセル =SUM(C101：C111)

(エ) $\sigma^2 = \frac{1}{N}\sum_{i=1}^{N}(x_i - \bar{x})^2$ を計算

(例) 例：図 2.28 の D112 のセル =C112/11

(2) 検　算　Excel で VARP 関数を用いて計算し，(1) の計算結果と一致することを確認せよ．

【解】 図 2.28 に解答例を示す．

2.3.5 回帰分析と回帰曲線

バネに加える力と伸びの関係，たばこの喫煙本数と肺ガンの発生率，大気中二酸化炭素濃度と平均気温など，相関・因果関係のある複数の種類のデータの関係式を推定する手法が回帰分析であり，得られた曲線を回帰曲線と呼ぶ．特に，回帰曲線が直線になる場合は回帰直線と呼ぶことにする．

図 2.29 は横軸を x，縦軸を y として，異なる 3 種類の 40 個からなるデータの組 (x_i, y_i) $(i=1,\cdots,40)$ を散布図としてグラフに描いたものである．図

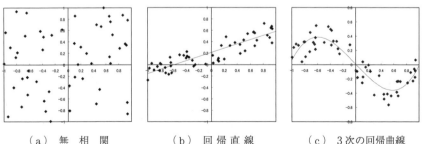

（a）無　相　関　　　（b）回　帰　直　線　　　（c）3 次の回帰曲線

図 2.29　異なる 3 種類の 40 個からなるデータの組を散布図として描いたグラフ

(a) ではデータ (x_i, y_i) がランダムに分布しており，x_i と y_i には相関が認められない。一方，図 (b) はデータ (x_i, y_i) が直線の帯状に分布している。データの帯を貫く直線である回帰直線も後に説明する最小二乗法で計算して図中に描いてあるが，データの関係をよく近似していることが確認できる。さらに図 (c) はデータ (x_i, y_i) が曲線の帯状に分布している。同様に，最小二乗法で求めた3次の多項式関数による回帰曲線が，データの帯を上手に貫いていることがわかる。このような回帰曲線はExcelなどのソフトウェアを用いれば容易に計算できる。なお，図 (a) のように相関がないデータに回帰曲線を当てはめることは意味がないことに注意する。

2.3.6 最小二乗法による回帰直線の計算

本項では，最小二乗法を用いた回帰直線の計算方法を学ぶ。

〔1〕 **回帰直線と最小二乗法**　図 2.30 に示す回路で，電圧 V，電流 I，抵抗 R の間には，オームの法則により式 (2.21) の関係が成立する。

$$V = RI \tag{2.21}$$

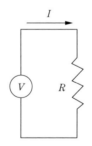

図 2.30　抵抗間電圧と電流

したがって，抵抗値が未知の場合でも，V と I を1組計測すれば R を求めることができるはずである。しかし実際には，計測誤差などのさまざまな要因によって，V と I の1組だけから R を決定することは危険である。実際に，ある抵抗に対して V と I を計測したところ**表 2.16** の値になった。式 (2.21) から R を計算するとわかるように，R の値は実験ごとに異なってしまう。V

2.3 データの統計分析

表2.16 ある抵抗に対する V と I および個々に計算した V/I

データ番号	電圧 V /V	電流 I /mA	V/I /kΩ（推定した抵抗値）	データ番号	電圧 V /V	電流 I /mA	V/I /kΩ（推定した抵抗値）
1	1.00	0.61	1.64	11	6.00	3.81	1.57
2	1.50	0.99	1.52	12	6.50	4.08	1.59
3	2.00	1.27	1.57	13	7.00	4.45	1.57
4	2.50	1.62	1.54	14	7.50	4.75	1.58
5	3.00	1.94	1.55	15	8.00	5.10	1.57
6	3.50	2.21	1.58	16	8.50	5.35	1.59
7	4.00	2.54	1.57	17	9.00	5.74	1.57
8	4.50	2.86	1.57	18	9.50	6.00	1.58
9	5.00	3.17	1.58	19	10.00	6.33	1.58
10	5.50	3.52	1.56				

V と I の関係をグラフに表したものが**図2.31**であるが，式（2.21）のような直線関係になっていないことがわかる．これは V や I の値にノイズと呼ばれるさまざまな誤差要因が混入するためである．

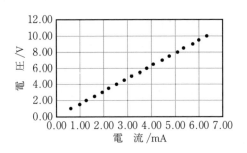

図2.31 V と I の関係

このデータから R を推定する一つの方法は，おのおのの実験データ（1〜19番）で得られた抵抗値 R を平均することであるが，理論的な妥当性が乏しい．以下では，最小二乗法による回帰直線の計算によって抵抗の推定値を求める．

〔2〕**回帰直線** データの組 (x,y) に対して

$$y = ax + b \qquad (2.22)$$

のような直線の対応関係が成り立つとき，この直線〔式（2.22）〕を回帰直線と呼ぶ．式（2.21）と式（2.22）に当てはめると，$y = V$, $x = I$, $a = R$, $b = 0$ となる．

54   **2. データ処理**

図 2.31 の実験データに対しては，分布するデータ点の中心を貫く直線となるはずである。ノイズに汚された第 i 回目の実験結果の組 (x_i, y_i) から a と b の推定値 $\hat{a}$ と $\hat{b}$ を求める代表的な手法の最小二乗法は以下のとおりである。

〔**3**〕 **最小二乗法（一次式の場合）** N 組のデータ (x_i, y_i) $(i = 1, \cdots, N)$ に対して，式 (2.23) に示す E を最小にする $\hat{a}$ と $\hat{b}$ を求めたい。

$$E = \sum_{i=1}^{N} \{y_i - (\hat{a}x_i + \hat{b})\}^2 \tag{2.23}$$

E を最小にする $\hat{a}$ と $\hat{b}$ は式 (2.24) および式 (2.25) で計算できることが知られている。

$$\hat{a} = \frac{\dfrac{1}{N}\sum_{i=1}^{N}(x_i - \bar{x})(y_i - \bar{y})}{\dfrac{1}{N}\sum_{i=1}^{N}(x_i - \bar{x})^2} \tag{2.24}$$

$$\hat{b} = \bar{y} - \hat{a}\bar{x} \tag{2.25}$$

式 (2.23) の E は推定誤差 $y_i - (\hat{a}x_i + \hat{b})$ の二乗和であり，これを最小にすることから最小二乗法と呼ばれている。

なお，式 (2.24) の分母はデータ x_i の分散になっていることに注意する。また，分子はデータ (x_i, y_i) の共分散と呼ばれる値である。

二次以上の回帰曲線も最小二乗法によって計算できる。例えば，k 次の多項式を当てはめる場合は，式 (2.26) に示す E を最小にする $\hat{a}_i$ $(i = 0, \cdots, k)$ を求めることになる。

$$E = \sum_{i=1}^{N} \{y_i - (\hat{a}_k x_i^k + \hat{a}_{k-1} x_i^{k-1} + \cdots + \hat{a}_1 x_i + \hat{a}_0)\}^2 \tag{2.26}$$

二次以上の回帰曲線の具体的な計算方法は巻末の参考文献（5）などを参照していただきたい。

例 2.18   表 2.16 のデータに対して，式 (2.24) と式 (2.25) を用いて Excel で回帰直線を計算せよ。

【解】 Excel による計算例を図 2.32 に示す。推定された抵抗値は $1.58\,\mathrm{k\Omega}$ となる。なお，式 (2.24) の分母・分子には $1/N$ が共通に現れるので，この項を約分した式を用いている。

2.3 データの統計分析

データ番号	yi 電圧 V/V	xi 電流 I/mA	yi-ybar 電圧平均との誤差	xi-xbar 電流平均との誤差	(xi-xbar)(yi-ybar)	(xi-xbar)^2		
1	1.00	0.61	-4.50	-2.88	12.96750841	8.304014		
2	1.50	0.99	-4.00	-2.50	10.00832879	6.260415		
3	2.00	1.27	-3.50	-2.23	7.788337395	4.95169		
4	2.50	1.62	-3.00	-1.87	5.61416429	3.502084		
5	3.00	1.94	-2.50	-1.55	3.871971837	2.398747		
6	3.50	2.21	-2.00	-1.28	2.56783151	1.64844		
7	4.00	2.54	-1.50	-0.95	1.427661667	0.905875		
8	4.50	2.86	-1.00	-0.63	0.629004148	0.395646		
9	5.00	3.17	-0.50	-0.32	0.160652277	0.103237		
10	5.50	3.52	0.00	0.03	0	0.001005		
11	6.00	3.81	0.50	0.31	0.157184531	0.098828		
12	6.50	4.08	1.00	0.59	0.590519922	0.348714		
13	7.00	4.45	1.50	0.96	1.443559806	0.926162		
14	7.50	4.75	2.00	1.26	2.513926082	1.579956		
15	8.00	5.10	2.50	1.60	4.011664686	2.574953		
16	8.50	5.35	3.00	1.86	5.580918296	3.460739		
17	9.00	5.74	3.50	2.25	7.866506333	5.051585		
18	9.50	6.00	4.00	2.50	10.01844984	6.273084		
19	10.00	6.33	4.50	2.84	12.78935233	8.077409		
	平均			合計	90.00754229	56.86259	1.58	-0.03
	ybar	xbar			分子↑	分母↑	ahat↑	bhat↑
	5.50	3.49					抵抗/kΩ	

図 2.32 表 2.16 のデータに対する回帰直線の計算例

例 2.19 表 2.16 のデータに対して Excel で回帰直線を計算することによって抵抗値 R を求め，例 2.18 の結果と一致することを確認せよ。

【解】 Excel で回帰直線を求めるには，グラフのデータ点を右クリ

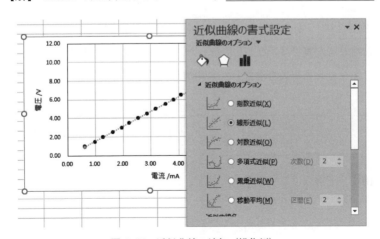

図 2.33 近似曲線の追加（操作例）

56　2.データ処理

<u>ック</u>して，メニューの「近似曲線の追加」を選択し，種類で「線形近似」，オプションで「グラフに数式を表示する」を選択すると，自動計算されて表示される（操作例を**図2.33**に示す）。

2.3.7　平均と有効桁数

2.1節で有効数字に関する基本的な考え方を示した。ここでは，統計の立場からデータの個数を増加させた場合の有効数字について述べておく。

実験などで値を測定すると，その計測データ値に通常はノイズが混入して，真の値からずれた別の値を示す。しかし，そのノイズ自体の平均と共分散がゼロの場合は，データ個数が100倍になるごとに，平均値の有効桁数を1桁増やすことができることが知られている。まとめると，つぎのようになる。

N個のデータの平均値の有効桁数は，$\dfrac{\log_{10}N}{2}$だけ増加する。

例えば，データの個数が$N=100$なら，平均値の有効桁数は1桁増加し，$N=10\,000$なら，有効桁数は2桁増加する。

なお，10個のデータがあれば，慣習的に平均値の精度を1桁上げることもある。

例2.20　ある100点満点の試験を100人が受験し，その得点の人数分布が**表2.17**のようになった。データ数が100個であることを考慮して有効桁数を決定し，平均値を計算せよ。

表2.17　得点の人数分布

得　点	68	70	73	80	86	91	95
人　数	3	15	40	20	12	7	3

【解】 平均点は以下に示す計算で，77.3点（小数点以下1桁まで）になる。

$$\frac{68\times 3+70\times 15+73\times 40+80\times 20+86\times 12+91\times 7+95\times 3}{3+15+40+20+12+7+3}$$

$$=\frac{7\,728}{100}=77.28\approx 77.3$$

2.3.8 標準偏差の意味

本項では，2.3.4項で説明した標準偏差 σ の統計上の重要な意味を簡単に説明する。

あるデータのヒストグラムが，正規分布と呼ばれる標準偏差 σ，および平均値で決まる分布に一致する場合を考える。例として，正規分布に従う，ある17 600個のデータについて平均値からの誤差を計算し，誤差の級の区間幅を0.5としてヒストグラムに表したものと，$\sigma=1$ の場合の正規分布のグラフを図2.34に示す。

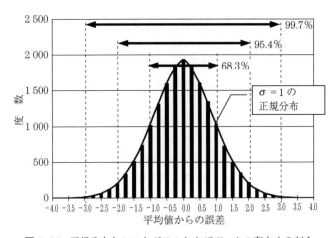

図2.34 正規分布とヒストグラムおよびデータの存在する割合

さて，データの個数が十分に大きく，ヒストグラムが正規分布に一致する場合には，$\sigma=1$ に限らずつぎの性質が成立することが知られている。

（1） データの約68.3％は平均値からの誤差が $\pm\sigma$ の範囲内にある。

（2） データの約95.4％は平均値からの誤差が $\pm 2\sigma$ の範囲にある。

58   2. データ処理

（3） データの約 99.7％ は平均値からの誤差が ±3σ の範囲にある。

したがって，平均値からの誤差が ±σ の範囲内なら，約 2/3 のデータが含まれる。さらに誤差が ±3σ の範囲ならほとんどのデータが含まれ，この範囲外にあるデータはきわめて例外的なものを表していることになる。

このように，データが正規分布に従うときには，標準偏差によって，ある特定のデータが平均からどの程度外れているかを見積もることができる。

なお，ヒストグラムが正規分布に一致しない場合でも，そのヒストグラムが正規分布に近づくほど，また，データの数が大きくなるほど，これら（1）〜（3）の標準偏差に関する性質は確かなものになることが知られている。

演 習 問 題

【1】 ある物体が動き出してから 0.2 s 後の速さは 3.6 m/s，1.5 s 後では 8.8 m/s であった。各区間における平均の加速度をそれぞれ求めよ。

【2】 地表面よりの高さ 20.0 m の地点から物体を自由落下させた。この物体が地表面より高さ 3.0 m の地点を通過するときの速さを求めよ。ただし，重力加速度を 9.81 m/s^2 とし，空気抵抗は無視する。

【3】 円の半径を 1.05 mm から 2.00 mm まで 0.05 mm 刻みで変化させた場合の面積の表を作成せよ。有効数字を明らかにすること。円周率の桁数は適切なものを考えて計算せよ。

【4】 （1） コンデンサの容量 10 pF は何 μF か。また何 F か。

（2） 2 TBytes のハードディスクは 512 MBytes のフラッシュメモリ何個分に相当するか。また 1.2 MBytes のフロッピーディスク約何枚分に相当するか。ただし，1 kBytes = 2^{10} Bytes = 1 024 Bytes であり，1 MBytes = 1 024 kBytes，1 GBytes = 1 024 MBytes，1 TBytes = 1 024 GBytes となっていることに注意せよ。

（3） 乗用車のタイヤの空気圧を測定したところ，2.20 kg/cm^2 であった。この空気圧を Pa で示せ。また，接頭語を用いて示せ。ただし，重力加速度を 9.81 m/s^2 とする。

（4） 地球から最も近い恒星はケンタウルス座の α 星であり，その距離は 4.3 光年である。この距離を SI 単位で示せ。また，この行程を 300 km/h の新幹線で行ったとすると，約何年かかるか。ただし，光速は 3.0 × 10^8 m/s とし，1 年を 365 日とする。

演習問題

【5】 以下に示した文章は，表を用いて整理すればわかりやすくなる．図2.3にならって文章から表にできる情報を抽出して表を作成し，全体を書き直せ．

> 電池とは，物理的あるいは化学的エネルギーを直接電気エネルギーに変換する素子であり，大きく物理電池と化学電池に分類される．物理電池のおもなものには太陽電池があり，化学電池はさらに，一次電池と二次電池，そして燃料電池に分類される．一次電池は放電後，もとの状態に戻すことができない電池であり，二次電池は充電によりもとの状態に復帰できる．代表的な一次電池としてはマンガン乾電池，アルカリ乾電池，酸化銀電池，リチウム電池，空気亜鉛電池がある．二次電池のおもなものにはニッケルカドミウム蓄電池，ニッケル水素蓄電池，鉛蓄電池，ニッケル亜鉛蓄電池がある．

【6】 図2.35に示すグラフは表2.18のデータをグラフにしたものであるが，各

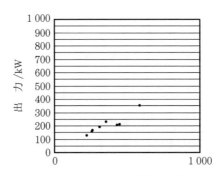

図2.35 書式の設定が不適切なグラフ

表2.18 高性能エンジンのトルクと出力の関係

型　式	トルク /(N·m/rpm)	出　力 /kW
α社　A	224	125
α社　B	430	206
α社　C	314	188
α社　D	260	158
α社　E	448	212
β社　F	358	230
β社　G	263	164
β社　H	588	353

60   2. データ処理

部の書式設定が不適切のため，非常に見にくいグラフとなっている。不適切な書式となっている部分を指摘し，見やすいグラフに改良せよ。

【7】 **表2.19**はある野球チームのメンバー9人の打撃成績である。示されたデータのうちの2項目を自由に選び，散布図グラフを作成するとともに，項目間の相関関係について述べよ。

表2.19 ある野球チームの打撃成績

選 手	打 率	ホームラン	打 点	盗 塁
A	0.268	2	26	25
B	0.283	1	44	15
C	0.277	5	48	5
D	0.261	43	108	1
E	0.330	4	53	2
F	0.270	22	79	8
G	0.254	10	48	8
H	0.320	8	44	1
I	0.183	2	16	3

【8】 表2.12に示したデータをもとにグラフを作成せよ。ただし，このとき，グラフの種類には適切なものを選択し，各部の書式は見やすいグラフとなるよう工夫すること。

【9】 **表2.20**のデータについて，つぎの（1）～（4）を計算せよ。

表2.20

3.0	8.0	1.0	4.0	5.0	9.0

（1） 算術平均

（2） 中位数

（3） 母分散 $\sigma^2 = \dfrac{1}{N}\sum_{i=1}^{N}(x_i - \bar{x})^2$

（4） 標準偏差 $\sigma = \sqrt{\dfrac{1}{N}\sum_{i=1}^{N}(x_i - \bar{x})^2}$

【10】 図2.36の回路において，理想的にはオームの法則 $V = RI$ が成立して抵抗値 R は一定になるが，実際には電流 I によって R は変動する。実際に電圧 V を変化させたときに生じる電流 I を5回計測した結果を**表2.21**に示す。

　　データの組 (x, y) について，$y = ax + b$ の定数 a, b を推定する最小二乗法を用いて，抵抗の推定値を計算せよ。表2.21の空欄をうまく利用するとよい。

$$\hat{a} = \frac{\sum_{i=1}^{N}(x_i - \overline{x})(y_i - \overline{y})}{\sum_{i=1}^{N}(x_i - \overline{x})^2}, \quad \hat{b} = \hat{y} - \hat{a}\overline{x}$$

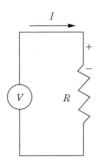

図 2.36

表 2.21

電圧 /V y_i	電流 /mA x_i	電圧差 $y_i - \bar{y}$	電流差 $x_i - \bar{x}$	$\hat{a}$ の分子 $(x_i - \bar{x})(y_i - \bar{y})$	$\hat{a}$ の分母 $(x_i - \bar{x})^2$
1.00	0.30				
2.00	0.63				
3.00	0.97				
4.00	1.27				
5.00	1.59				
平均 $\bar{y} =$	$\bar{x} =$			分子合計 $\sum_{i=1}^{N}(x_i - \bar{x})(y_i - \bar{y}) =$	分母合計 $\sum_{i=1}^{N}(x_i - \bar{x})^2 =$

3 技術レポート

2章までにおいて，技術レポート作成に必要なデータ処理技法としての統計解析や図表の書き方を説明した。本章では，まず，技術レポート作成の基礎技法を習得することを目的として，文献検索を主とした情報収集の結果を図表にまとめて解析する形態のレポートを対象として解説を行い，その後，実験レポートなどで必要な項目である「理論」や「実験手法」について簡単に説明する。

3.1 技術レポートについて

3.1.1 技術レポートとは

技術レポートとは「**技術的な情報を客観的に他者へ伝達するための文書**」である。「技術的な情報」とは，実験データや調査結果，解析の結果など「客観的な事実」と，それらから論理的・合理的に導かれた「見解」とをいう。技術レポートの目的は，情報を「客観的に伝えること」なので，文学作品のように読者を感動させる必要はない。技術レポートは「**書き方のルール**」に従って書いていけば，基本的にはだれがつくっても同レベルのレポートが作成できる。

では，技術レポートにはどのような種類があるのか。理工系の大学生であれば，最初に書くのは「実験レポート」であろう。また，卒業のためには研究室教員の指導のもと，「卒業論文」を作成する必要がある。本書の読者のほとんどは，実社会に出ても実験や研究・調査を行うことになるであろうが，その際には，必ずレポートや報告書の作成を要求される。すなわち，理工系大学や工業系高等専門学校へ入ったからには，技術的な文章へ関わらざるを得ないこと

になる。

そのほか，社会では多種類の文書が存在する。「ビジネス文書」と「文学的文書」がその代表である。「ビジネス文書」は仕事上のあらゆる文書を含み，相手に何か行動を起こさせるのを目的としている。「ビジネス文書」のなかには，「取扱説明書」や「技術仕様書」など，理工系的な内容を含んだ文書も存在する。「文学的文書」は相手（読者）に感動を与えることが目的となる。

〔*1*〕 **技術レポートの特徴**　　技術レポートの特徴とは，理論や実験，調査に基づく客観的なデータである「事実」と，事実から論理的・合理的に導かれた考察である「見解」を含んでいることである。

客観的データである「事実」に必要な条件は，「**ほかのだれもが文書に書かれているとおりに理論解析・実験・観察・調査を行えば，同じ事実が導き出されなければならない**」ということである。したがって，収集したデータなどが正しい事実であるかを十分に検討しなければならないし，第三者によっても同様な実験・調査ができるように，データを得た過程を詳細に示さなければならない。

事実から論理的に導かれた「見解」とは，「解析の結果，このようなことがわかった」という，データに対しての考察であり，理論や理屈に基づいて論理的に導出されなければならない。結果を勝手に解釈して勝手な見解を示すことは許されない。つまり，考察や見解が客観性をもち，万人が納得するものでなければならない。

〔*2*〕 **レポートを書く前に（倫理的注意事項）**　　レポートに限らず，文書を書くときに最も注意しなければいけないことがある。それは「**表現の盗作**」である。盗作とは，他人の文章・データ・考えを情報源に記載されたまま自分の文書に書いてしまうことである。これは道徳と倫理にもとるばかりでなく，著作権法に抵触するため「犯罪」となる。著作権とは，文章・画像・映像・音楽・知識などの創造物に対する権利で，「知的所有権」の一つである。著作権法の要点は，これらの知的創造物を著作者の許可なく利用することを禁止していることにある。これによって，著作者の権利を保護している。しかし，技術

64   3. 技術レポート

レポートにおいては他人のデータや結果を参照し，比較・対照することが必要となる。その場合は「引用」といって，情報源（出所）を明示したうえで，その内容の一部を利用することができる。

3.1.2　技術レポートの構成

本項では「技術レポート」の構成内容について説明する。技術レポートといっても，その種類によって，構成内容に違いが生じる。実験レポートにおいては，実験の対象となる事象を支配する理論や実験手法の説明が必須である。一方で，技術資料や技術データを調査した結果に基づいて作成するレポートの場合，「理論」や「実験手法」は含まれない（データを得た過程は示す必要がある）。

本項ではまず，後者の場合について説明する。実験レポートに含まれる「理論」と「実験手法」の解説は *3.3.2* 項で行う。

技術レポートの構成は，つぎの（1）〜（8）に示す8項目とする。

（1）タイトル，（2）要約，（3）背景と目的，（4）結果，（5）考察，（6）結論と今後の課題，（7）参考文献，（8）付録。

では，それぞれの項目においては何をどう書けばよいかを，以下，個別に説明する。

（**1**）**タイトル**　そのレポートの題目である。レポートで調べるテーマ（主題）を端的に表したタイトルにしなければならない。例えば，「日本の自動車産業について」というタイトルでは範囲が大きすぎ，これだと，そのレポートに何が書いてあるのかは，レポートを読んでみないとわからない。大学などの授業において提出するレポートの場合は，読み手である教員が必ず読んでくれるが，研究論文などにおいてはそうであるとは限らない。タイトルだけを見て読み手がその論文を読むかどうかを決める場合が多い。したがって，タイトルは慎重に決めなければならない。上の例では，「日本車の対米輸出比率の変遷」などと具体的にするのがよい。

（**2**）**要　　約**　要約とは，そのレポートの内容を端的にまとめたもの

である。タイトルと同じく，要約が正しく書かれていないと，レポート本文を読んでもらえない場合が多い。要約には，そのレポートの全内容を凝縮して記す必要がある。

（**3**）　**背景と目的**　　選定したテーマの背景と目的を示す。過去の研究や他人の意見・定説などを参照しながら，このレポートによって何が明らかにされるのかを説明する。具体的には以下の項目を書けばよい。

①　なぜこのテーマを調べる必要があるのか（背景）

②　このレポートで示したいことは何か（目的）

（**4**）　**結　　果**　　得られたデータをわかりやすいようにまとめる。図表を用いると結果の内容を効率的に伝達することができる。データ・図表の説明は丁寧にするように心掛ける。実験結果を示す場合には，実験データ表や傾向を表すグラフなどを作成する。

（**5**）　**考　　察**　　データを解析した結果わかったことをまとめ，それらから論理的に導かれる見解について述べる。結果から考察・見解までに大きな論理的飛躍があってはならず，見解の客観性も保たなければならない。

（**6**）　**結論と今後の課題**　　レポートの締めくくりとして，そのレポートで得られたことをまとめる。「結論」はつねに「目的」と対応してなければならないので，レポート全体を見返しつつ書くようにする。最後に今後の課題を書く場合もある。

（**7**）　**参 考 文 献**　　レポートの本文中で参照・引用した文献は結論の後にまとめるのが通例となっている。レポートを読んだ人が参考にできるように，文献データはルールに従って正しく書くようにする。

（**8**）　**付　　録**　　本文中で参考にしている資料やデータで，本文中に入れないほうがよいものは付録としてまとめる。

3.1.3　レポート作成の手順

本項では，レポートの作成手順を説明する。技術レポート作成が初めての学生にとって，いきなりレポートを書き上げるのは困難な作業なので，段階を追

66   3. 技術レポート

ってレポートを完成させるとよい。著者らの授業では，最終的なレポートを書く前に，「レポート企画書」と「レポート構成書」という2種類の予備的な文書を作成させた。これらの文書をレポート作成過程の適切な時期に書かせることによって，最終レポート作成が効率的になり，また，その質も向上する。最終レポートが完成した後は，「要約」を書かせ，レポート中に挿入した。文書の例を付録Aに示すので適宜参照されたい。

（1） レポート企画書： どのようなことを調査し，レポートにまとめるかを記載する。

（2） レポート構成書： 調べた結果を羅列し，考察の準備をする。文書の書き方（フォーマット）は自由でも構わない。

（3） レポート本体： 指定されたフォーマットに従ってレポートを作成する。授業を担当する教員や上級生により複数回の校正を行うことが望ましい。

（4） 要 約： レポートが出来上がった後に要約を作成する。そのレポートの内容を凝縮した文章を作成する。要約はレポート本体に挿入する。

〔1〕 **レポート作成手順概略** レポート作成手順の各項目を説明する前に，全体の流れを解説する。**図3.1**にレポート作成の流れ図（フローチャート）を示す。

レポート作成の最初のステップはテーマ選定であり，選んだテーマからレポートタイトルを決めることとなる。テーマ，タイトル，内容に関する確認を行うために「レポート企画書」を作成する。テーマ設定が妥当であれば，データの収集を開始し，得られた結果をまとめる。結果に対する解析と考察の骨子を「レポート構成書」としてまとめる。データが正しく収集・利用され，考察（見解）が妥当であれば，最終レポートの作成を始める。書かれたレポートに対しては，本人自身による校正と他者（授業においては上級生や教員）による校正を行う。レポートが完成したら「要約」を作成し，レポート中に配置する。各段階における確認・チェックの際には，チェック表を用意し，提出され

3.1 技術レポートについて

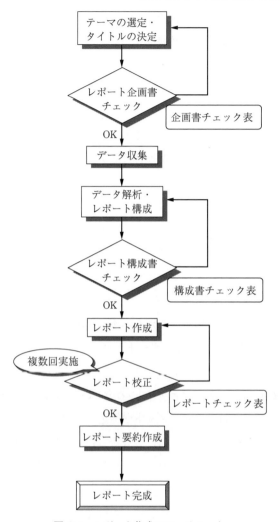

図 3.1　レポート作成フローチャート

た文書の内容・記述が適切かどうかを確かめる。

〔2〕**テーマとタイトルを決める**　「テーマ」とは，そのレポートで調べるべき主題であり，「タイトル」とはレポートの題目である。レポート作成にあたっては，まずはテーマとタイトルを決める。ここでは，教員から提示された大まかなテーマ分類をもとにしてテーマを選定し，レポートのタイトルを自

分で考えてくるとする。学生実験では，あらかじめ与えられたテーマに沿って実験を行うので，学生が決める必要はないが，そのテーマの内容をよく理解する必要がある。

通常，大学4年次に作成する卒業論文では，卒業研究で追求してきたテーマがタイトルとなる。テーマがまったく自由な場合は，自分の興味のあることから探してみるのもよい。この場合，興味のあるテーマに関してキーワードを考えつくだけ書き出して，それらの関連付け，グループ化などを通して，調べるべき主題を絞り込んでいくとよい。テーマとタイトルが決まったら，同時に目的も定義する。何を調べたいかをはっきりさせれば，レポートは半分でき上がったようなものだ。また，テーマに沿った情報が，どこから，どのような手段で手に入れることができるかを検討しておく。

タイトルとそれに関連する情報源が確定したら「**レポート企画書**」を作成する。内容は，タイトル，キーワード（テーマ），情報源などを示し，得られたデータから何をどのように解析するかを示す。提出された「レポート企画書」に対しては，付表*A.1*に示す「レポート企画書チェック表」などにより内容の確認を行うとよい。

〔*3*〕　**情 報 収 集**　　テーマとタイトルが決まったら，その目的に沿って情報を収集する。現在ではインターネットが発達しており，インターネットに接続されたパソコンなどを使用すれば，居ながらにして膨大な情報を収集することができる。しかし，インターネット上の情報は第三者によって検証されていない情報が多く，公式な情報源としては，その質において劣る場合が多いので，インターネット上の情報は，最新情報の確認などの利用にとどめ，主たる情報源としないようにする。

大学などの教育機関には通常，図書館が整備されているだろうから，まずは図書館にある書籍や雑誌から情報収集を開始するのが望ましい。情報収集を行う際には，収集方法や情報源を必ず記録しておいて，文章作成時に参照情報として記載する。情報源に記載されていた図表を利用する際には，図表をそのままコピーして利用するのではなく，もとになっているデータを参考にして，図

表を各自で再構成しなければならない。

〔**4**〕 **データ解析**　　目的に沿ったデータが得られたら，つぎは解析を行う。解析とは，図表を作成してデータの中に見られる傾向や事実を抽出するとともに，その原因などについての論理的な説明を考えることである。データの解析は，考察・見解の骨子となるものであるから，細心の注意を払いながら行わなければならない。解析の結果得られた事項は，もらさずメモをとり，リスト化しておくことを奨める。これらの結果から考察を開始する。結果から考察・見解に至る過程においては，論理的な飛躍がないように慎重に思考を展開する必要がある。

〔**5**〕 **レポート構想および執筆**　　データを解析し，結果が得られたら，つぎはレポート作成の構想を練る。結果が得られたからといって慌ててレポートを書き出すと，最終的にはかえって時間がかかってしまうことが多いので，特にレポート作成に慣れていない学生諸君は初めにしっかりと構想を練っておくことが重要である。ここではまず，「**レポート構成書**」を作成することとする。「レポート構成書」は自由形式文書で，以下の内容を含んでいるものとする。

（1）　背景と目的：　簡潔にまとめる。

（2）　収集データ：　自分で調べた情報についてまとめ，情報源を明示する。得られたデータから作成した図表を記載する。

（3）　データ解析：　得られたデータからわかったことをメモし，考察の基礎とする。

提出された「レポート構成書」に対しては，付表 *A.2* に示す「ルーブリック形式のレポート構成書チェック表」などにより，内容が適切であるかを確認する。レポート本体の執筆は，「レポート構成書」を参考にしながら行う。授業などでレポートの書式（フォーマット）が用意されている場合は，それに従って書く。

〔**6**〕 **見 直 し**　　一度書いただけで完璧なレポートができることはまずないので，必ず見直し（推敲・校正）を行わなければならない。見直しの方法としては，まず最低でも 10 回は自分で読み直し，誤字・脱字や基本的な文法

70 　　3. 技 術 レ ポ ー ト

の間違いを取り除く。誤字や脱字などを取り除いたとしても，自分で書いた文章の不適切な記述や論理展開を見つけることは容易ではなく，特にレポート執筆初心者にとっては，どこがどうおかしいのかもわからないことが多い。その場合は，教員や上級生など，レポート作成に慣れた人に見てもらうことが効果的である。

　校正の際は，付表A.3に示す「ルーブリック形式のレポートチェック表」などを利用しながら内容を確認するとよい。こういった作業を繰り返すことにより，技術レポートに適した文章記述法を習得することができる。文章記述法に限らず，何事も最初から上手にできる人などいない。自己修練を怠らない気持ちと，他者からの指摘を素直かつ謙虚に受け入れる姿勢が重要である。

〔7〕　**要約の作成**　　レポート本体を完成させたら，その内容をまとめて紹介する「要約」を作成する。「要約」はレポートの内容をまとめたもので，英語では"abstract"と呼ばれている。これは，レポート本編を見る時間がない人が，その内容の概略を把握するために読む部分である。内容のまとめであるから，要約はレポート完成後に書く。字数は300字程度が一般的で，改行や段落は通常入れない。以下の内容を含んでいる必要がある。

（1）　レポートの背景と目的

（2）　レポート中でどのような情報を提示したか

（3）　その結果わかったことは何か

（4）　結　論

3.1.4　自由課題レポート作成例題

　著者らの授業では，付録A「自由課題レポート演習例」に示すような自由課題レポート作成演習を行っている。これは，工学に関するキーワード群を参考にして学生（1年生）が各自でテーマを決め，これに関する情報検索を行い，その結果をレポートにまとめるという演習である。レポート作成後には，実際にプレゼンテーションを行う。

　本項では，このような自由課題レポートを作成する過程について，例題を用

いて解説を行う。

〔**1**〕 **レポート作成準備**

（**1**） **タイトル決定とレポート企画書の作成**　まずはテーマを選定し，タイトルを決める。ここでは，テーマとして日本車の対米輸出の変遷について調べることを選んだ。事前準備として，そのテーマの背景と目的を定義する。

　　① 背　　景　今後の日本車の対米輸出がどうなるかを予測するために過去の状況を調べたい。

　　② 目　　的　過去の日本車の対米輸出遷移と日米経済状況の関係を調べ，今後の予測に役立てる。

　タイトルと，目的に沿った情報源を確定し，「レポート企画書」を作成する（付録 A の付図 $A.1$ 参照）。

（**2**） **情報・データの収集**　つぎにデータの収集を始める。書籍や雑誌を中心として，幅広く情報収集を行う。この例題では，まず日本車（四輪車）の対米輸出台数の年度変化について，「通商白書 2000」からデータを引用した[1]。データを**表 3.1** に示す。また，日米の貿易には米ドル/円の為替レートが深く関係することから，米ドル/円の為替レートを日本銀行のホームページから引用した[2]。**表 3.2** に為替変動データを示す。

表 3.1　日本車の対米輸出台数の年度変化[1]

年度	対米輸出台数 （四輪車）/万台
1988	50.4
1989	75.9
1990	98.6
1991	91.9
1992	82.6
1993	81.8
1994	88.5
1995	77.5
1996	71.6
1997	93.3
1998	105.5
1999	131.4

表 3.2　米ドル/円の為替レートの変動[2]

年度	米ドル/円 レート /円
1988	128.2
1989	138.0
1990	144.8
1991	134.5
1992	126.7
1993	111.2
1994	102.2
1995	94.1
1996	108.8
1997	121.0
1998	130.9
1999	113.9

（**3**）　**情報・データの解析**　　データを収集したら，データに対する解析を行う。まずは図表ソフト（Excel など）を使って表 3.1，表 3.2 のようにまとめる。そして，図表ソフトのグラフ機能を使って折れ線グラフ（**図** 3.2 および **図** 3.3）を作成する。解析対象によって適切なグラフがあるので，2 章を参考にして作成するグラフを決める。

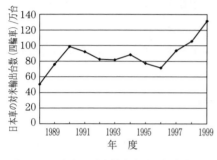 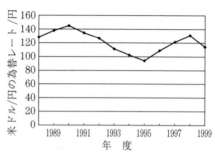

図 3.2　日本車の対米輸出台数の年度変化[1]　　**図** 3.3　米ドル/円の為替レートの変動[2]

（**4**）　**結果に対する考察・結論の用意とレポート構成書作成**　　図 3.2 と図 3.3 からわかることを列記する。

①　バブル経済期末期の 1990 年度が日本車の対米輸出台数の一つのピークである。

②　その後は 1996 年度まで日本車の対米輸出台数が減少している。この時期は円高傾向にある。

③　1996 年度以降，1999 年度まで輸出台数が増加している。この時期は円安傾向にある。

簡単にいえば，以上の 3 点（①〜③）である。結論は，まずは簡単な形で用意する。

> **結論**　　日本の景気回復とそれに伴う円高，米国の景気減速により，日本車の対米輸出量は今後減少すると予測できる。

ここまでの内容を「**レポート構成書**」にまとめ（付図 A.2 参照），これを参考にしてレポートを書く。

3.1 技術レポートについて　　73

〔2〕　**レポートの執筆**　　レポートを書く準備ができたら，レポート作成に取りかかる。レポートの構成は3.1.2項で説明したとおりとする。

（1）　**背景と目的**　　用意した内容をもとにして文章を作成する。

> 「現在，日本車の対米輸出台数は増加中であるといわれている。しかし，輸出台数は日米の経済状況に大きく依存するため，今後の予測は難しい。そこで，本レポートでは，過去の日本車の対米輸出遷移と日米経済状況の関係を調べ，今後の輸出台数予測に役立てることを目的とする。」

（2）　**結　　果**　　得られたデータを図表にして提示し，それらを説明する。

> 「表3.1に日本車の対米輸出台数（四輪車）の年度データを示す。統計は1988年度から1999年度までで，台数の単位は万台である。また，図3.2に日本車の対米輸出台数の年度変化を示す。横軸は年度（1988〜1999）を示し，縦軸は四輪車の輸出台数（万台）を示す。
>
> 　図3.2からわかるように，1990年度のバブル経済期をピークに輸出台数は増加しており，その後は1996年度まで減少を続けている。1996年度以降1999年度までは，バブル経済期と同程度の比率で増加している。1999年度の台数（131.4万台）は，バブル経済期ピークである1990年度（98.6万台）に比べて，1.3倍多くなっている。」

また，為替変動との関係については，以下のように記述した。

> 「表3.2に米ドル/円の為替レートのデータを示す。統計は同じく1988年度から1999年度で，単位は円である。このデータは年度にわたる平均値を示している。図3.3に米ドル/円の為替レートの変動を表したグラフを示す。横軸は年度（1988〜1999）を示し，縦軸は為替レート（円，年度平均値）を示す。図からわかるように，バブル経済

74　　3. 技術レポート

期の 1990 年度までは強いドル政策による円安傾向にあり，144.8 円まで安くなっている。その後は 1995 年度まで円高に推移し 94.1 円まで進行した。1995 年度のピークからは再び円安傾向となり，1998 年度に円安のピークを迎えている。1999 年度は再び円高になった。」

（3）図表の提示に関するルール　　*2* 章にも示したが，図と表の文章中における提示方法には基本的なルールがある。

① **図番号と表番号**　　図と表の番号は文章内で参照する順番に「図 1」，「表 1」と付けていく。また，長い文章では章や節内で図表番号を振ることもある。例えば，「図 1.1」，「表 1.1」などとする。すべての図表に番号を付ける。

② **図表タイトル**　　図や表にはタイトルも必要である。また，そのタイトルは，図表の内容を端的に表していることが必要である。すなわち，図表だけを見ても，そこで示されている内容がわかるようにしなければならない。図表番号とそのタイトルを合わせてキャプションと呼ぶ。

③ **キャプションを書く場所**　　キャプションを書く場所は「**図の場合は図の下側**」，「**表の場合は表の上側**」とする。例として示した図表を参考にする。

④ **文章中での指示の仕方**　　図表を文章中で参照する場合は，図番と表番を使う。「**上に示す図で**」，「**以下の表で**」などとはしない。指示の仕方の例を以下に示す。

　　　・「図＊に＊＊＊を示す」，「＊＊＊を図＊に示す」
　　　・「表＊に＊＊＊を示す」，「＊＊＊を表＊に示す」

（4）考　　察　　結果に対する考察を書く。

「バブル経済期は円安期でもあり，好調な輸出が続いた。その後の円高により，輸出台数は減少している。1996 年以降の自動車輸出台数の増加は，米国経済の活発化と円安傾向によっている。このように，対米輸出台数を説明するには，為替変動と米国景気状況を合わせ

                                              3.1 技術レポートについて　　75

て考える必要がある。現在は，米国経済の減速，日本経済回復による
円高という状況なので，対米自動車台数は減少することが予想でき
る。」

（**5**）　**結論と今後の課題**　　最終的な結論をまとめる。このレポートの目的
と，何をして何が得られたかを簡潔に述べる。結論は箇条書きにすると見やすく
なるが，必ずしもそうする必要はない。最後に今後の課題を入れることが多い。

　「今後の対米自動車輸出台数を予測するため，過去の対米輸出台数
推移を調べ，その傾向を考察した。その結果，以下の結論が得られ
た。
　（1）　対米輸出台数は米ドル/円の為替変動と米国経済に大きく影
　　　響される
　（2）　現在の状況からすると，今後の対米自動車輸出台数は減少す
　　　ると見込まれる」

（**6**）　**参　考　文　献**　　レポート作成を行う際には，本・雑誌・統計資料な
ど，多種多様な情報源を参照することになる。参考文献の書き方にも何通りか
あるが，ここでは本書に使用した表記方法を示す。基本的ルールは以下の2点
である。
　①　参考文献に番号を付ける。通常は参照順に並べる。
　②　文章中では文献番号を参照する。

　【例】　（注：下記の文章，データ，情報源は架空のものである。）
　「輸出と為替には一定の関連性があると指摘されているが[1]，石塚
ら[2] はこの考えを否定している。実際の輸出データ[3] を調べてみる
と，ある程度の関連性を見いだすことができる」

と，本文中で書いたなら，参考文献の欄には以下のように記述する。書籍・雑
誌・ウェブサイトで書き方が異なる。

76   3. 技術レポート

参 考 文 献

（1） 角田利男：貿易と経済，pp.105，海鳥出版（1984）．〔**書籍の場合**〕
（2） 石塚，前田：為替変動と輸出，交易ジャーナル，Vol.45，No.3，pp. 43〜45（1990）．〔**雑誌の場合**〕
（3） 貿易統計社ホームページ：http://www.boueki.co.jp/data/export. html．〔閲覧日：2017年3月14日〕〔**ウェブサイトの場合**〕

ここで示した形式は，本書における参考文献提示の形式である。このほかにも多数の提示形式があるので，レポートや論文提出の際には各自で確認する。

（1） 書籍の場合

　　著者名：題名，ページ数，出版社（出版年）．

（2） 雑誌記事の場合

　　著者名：題名，雑誌名，巻，号，ページ数（発行年）．

（3） ウェブサイトの場合

　　URL と閲覧日

（**7**）　**要　　約**　　「要約」はレポートの内容を凝縮したものであるから，背景・目的・結果・結論をうまくまとめて示す必要がある。すなわち，「要約」は，それ自体で完結しており，レポートの内容を表している必要がある。本項で示したレポート例では，以下のようになる。

　（1）　**背景と目的**　　「自動車は日本の主要な輸出品目である。本レポートでは，今後の輸出動向を予測するため，輸出の大半を占めるアメリカ合衆国への輸出に着目し，過去の対米自動車輸出台数と為替の変動を調べた。」

　（2）　**提示した情報**　　「貿易データは「通商白書2000」から入手し，グラフ化することによってそれらの間の関係を明らかにした。さらに，米国経済の概況と照らし合わせて議論を行った。」

　（3）　**結　　果**　　「その結果，対米自動車輸出台数の変動は，

基本的には米ドル／円の為替レートの変動に沿った変化をするが，米国経済の状況がそれ以上に重要な要因となることがわかった。」

（4）**結　論**　「また，現在の状況から，対米自動車輸出台数は今後減少すると予測した。」

3.1.5 数式記述のルール

技術レポート，特に実験・研究レポートでは数式を多用する。数式の示し方にもルールがあり，基本的には以下に示す3項目に注意すればよい。

（1）　一つの式で1行を占める（文章の中に書く場合もある）。

（2）　式番号を振り，文章中では式番号で参照する。

（3）　式中に出てくる記号は必ず説明する。

以下に，数式を含んだ記述の例を示す（数式の記述方法は脚注† 参照）。

【例】　バネに取り付けた質量の運動は式（3.1）のような運動方程式で表される。

$$m\frac{\mathrm{d}^2 x}{\mathrm{d}t^2} = -kx \qquad\qquad (3.1)$$

ここで，m はおもりの質量 /kg を x は釣合い位置からの距離 /m を示す。また，k はバネ定数 /(N/m) である。式（3.1）より…

3.2　技術レポートの作文法

本節では，技術レポートの作成に必要な作文法の概要を説明する。作文法に関する書籍は多数あるので，読者はぜひ一度書店で探してみるとよい。

---

†　数式の記述方法は，Microsoft Word を使用している場合，文書編集中に「挿入」，「オブジェクト」を選択する。そして「新規作成」のリスト中の「Microsoft 数式」を選択する。

78   3. 技術レポート

3.2.1 言葉づかい

〔*1*〕 **語調：常体（である調）で書く**　　技術レポートでは，書き言葉である常体，すなわち「である」調で書く。「ですます」調は敬体と呼ばれ，技術レポートでは使用しない。これは技術レポートの大原則なので，必ず守らなければならない。

【例】　図１に自動車生産台数の推移を**示します**。（**敬体**）

　　　　→　〜を**示す**。（**常体**）

アジア市場へ注意を向けることが**重要です**。（**敬体**）

　　　　→　〜が**重要である**。（**常体**）

〔*2*〕 **客観的な表現を用いる**　　技術レポートは，「客観性」と「正確性」を必要とする。したがって「主観的な表現」や「曖昧な表現」は使ってはいけない。以下に例を示す。

【例】　米国向けの自動車輸出台数は**かなり**落ち込んでいることがわかる。

「かなり」とは，どの程度なのかはっきりしない。つまり，これは書き手が「かなり」と思っただけで，客観性と正確性に欠ける言葉である。口語では通用することもあるが，書き言葉の場合に「かなり」を使ってはいけない。この文例の場合，例えば，「**1996 年度と比べて 15 ％落ち込んでいる**」など客観的なデータ・事実に基づいて記述するのが正しい。

〔*3*〕 **主観的表現の例**

（1）「少し」，「ちょっと」，「かなり」，「やや」：　数量に関する表現。できるだけ数字で示す。

（2）「しばらくの間」，「長い間」，「すぐに」：　時間に関する表現。これもできるだけ数字で示す。

（3）「ものすごく」，「急に」，「激しく」：　程度に関する表現。使われることもあるが，具体的な数値や図表とともに使うようにする。

曖昧な表現も使ってはいけない。結果に自信がなかったりすると，曖昧な表現を使って逃げ道をつくりたくなってしまう気持ちはよくわかるが，なるべく言い切るようにする。以下に例文を示す。

> 【例】 アジア向け輸出はたぶん拡大する**でしょう**。

もし，この見解を示すのに必要十分なデータ（証拠・事実）があり，かつ，合理的な見解であるならば，はっきりと「**拡大することが予想できる**」と記述する。

〔**4**〕 **曖昧表現の例**　「～のはずだ」，「～と思われる」，「～こともある」など，これらの表現もはっきりと言い切るようにする。

3.2.2 文　と　段　落

〔**1**〕 **一文・一段落の法則**　文と段落の使い方については，単純な規則を守ればよい。それは「一つの文で一つのことを述べる」ことと「一つの段落で一つのことを述べる」ことである。簡単なようだが，自分で文章を書いてみると守れないことが多いことに気が付く。例えば，一連の伝えたい内容があって，それを一気に書き上げた場合などにそうなってしまう。「が」を使って引き延ばしたり，長い修飾語句を使ったりすると，文が長くなって読みにくくなる。以下に例文を示す。

> 【例】 1990 年代後半の米国の景気回復に支えられて増加した日本の対米自動車輸出台数は，急激な円高や米国の景気後退の影響により減少傾向を示している<u>が</u>，若年層を中心とした旺盛な購買意欲に支えられる<u>とともに</u>，欧州の好景気にも支えられている<u>ので</u>，これ以上の減少は起こらないと予想できる<u>ため</u>，工場閉鎖や減産，従業員の解雇などによるリストラがこれ以上実施される見込みは少ない。

無理に長く（1 文で 167 語）書いてみた。頭の中にあることをそのまま並べたという感じがして，読み手が混乱してしまう。これを書き換えると，以下の

80　　*3. 技術レポート*

ようになる。

【書き換え例】　1990年代後半の米国の景気回復に支えられて増加した日本の対米自動車輸出台数は，急激な円高や米国の景気後退の影響により減少傾向を示している。しかし，以下の二つの理由により，これ以上の減少は起こらないと予想できる。

（1）　若年層を中心とした旺盛な購買意欲がある。

（2）　欧州の好景気により輸出需要が見込まれる。

したがって，工場閉鎖や減産，従業員の解雇などによるリストラがこれ以上実施される見込みは少ない。

　四つの文に分割して接続詞でつなぎ，箇条書きも利用した。それぞれの文が示している内容は順番に「1：現状」，「2：予想」，「3：根拠（箇条書き）」，「4：見解」となっている。伝えたい内容がはっきりして，読みやすくなっているはずである。

　段落（パラグラフ）についても同じことが言える。一つの段落で一つの事項を記述すればよい。

　〔2〕　**箇条書きの利用**　　先ほどの書き換え例では，理由・根拠の提示に箇条書きを利用した。視覚的にわかりやすくなるだけでなく，論理展開もわかりやすくなっている。まず，「以下の理由により」という語句で「仮の理由」を立てて「予想できる」と結んでいる。読み手は，「どんな理由なのだろう」という興味をもつと同時に，「この箇条書きの部分が理由だな」と視覚的に判断できるので，内容が整理されて頭に入ってくる。このように，いくつかの並列的な内容を示したいときには，箇条書きにすると，より効果的に読者へ内容が伝わる。

3.2.3　事 実 と 見 解

［**事実と見解の違い**］

以下の例文では「事実」と「見解」が混同されている。

> **【例】** そのリンゴは青森産なので，おいしい。

　この文において「リンゴは青森産である」ことは「事実」だが，「そのリンゴはおいしい」ことは「見解」である。「事実」とは「証拠によってそれを示すことができること」であり，この場合，そのリンゴが青森産であるのは証明できる。一方，「見解」は「書き手の主体的な判断や推量」であり，この場合「リンゴがおいしい」といえるのは，書き手がそれを食べたことから発した見解である。では，「青森産のリンゴ」であれば，すべて「おいしい」のか。この文を読んだ人，あるいは聞いた人は，「青森産のリンゴはすべておいしいのか」と思い込んでしまう可能性がある。リンゴの宣伝ならともかく，技術レポートにおいては「事実」と「見解」を区別する必要があるので，以下のように書き換えるとよい。

> **【書き換え例】** 青森産のリンゴを食べた。それはおいしかった。

　こうすれば，この見解は書き手が食べた「そのリンゴ」がおいしかったことと，それが青森産であったことを区別できる。つまり，「青森産」であることは「そのリンゴ」の一つの属性であり，「おいしいリンゴ」の条件ではないことが明らかになる。文章に慣れないうちは難しい区別ではあるが，文章をつねに客観的立場で見直す姿勢があれば，自然と身につくことである。

3.2.4　論理的思考と文章展開

　首尾一貫（consistency）　　文章を論理的に展開していく基本姿勢は「つねにつじつまが合っていて，矛盾がない」ようにすることである。具体的には，つぎのような注意が必要である。

　（1）　主語（部）と述語（部）が対応している：　文単位では，主語と述語が正確に対応していることが必須である。段落・節・章単位でも，初めに問いかけたこと（目的）に対して最後（結論）が対応しているかどうかが重要となる。

82　　3. 技術レポート

（2）　文章の「流れ」を乱さない：　文章には「流れ」があるので，文単位で内容があちらこちらへ飛ぶのはよくない。スタート（目的）からゴール（結論）まで脇目も振らずに一直線となるように気を付けるようにする。

（3）　「見解」を述べるのに必要十分な「事実（根拠)」を用意する：　データ（証拠）が少なすぎれば「見解」は「憶測」と呼ばれてしまう。

3.2.5　効果的な文章にするには

〔1〕　**簡素・簡潔・明瞭**　効果的な文章とは，読み手が効率よく情報を受け取ることができる文章のことをいう。効果的な文章を書くには，これまで述べてきた「**簡素・簡潔・明瞭**」を心掛けて文章を作成すればよい。

〔2〕　**重要なことを最初に言う**　同じ内容の文書でも，文節の配置を換えるだけで印象が違ってくることがある。その例として，「**言いたいこと・伝えたいことをなるべく前へもってくる**」という原則がある。*3.2.2*項の文章例をもう一度見ると，書き直す前は，「理由」→「見解（～と予想できる)」となっているが，書き直し後は「見解（～と予想できる)」を述べた後に「理由」を箇条書きにしている。「見解」を先に述べておくと，読み手は「なぜ」と疑問をもち，「理由」の部分を読みたくなる。一方「理由」を先に書くと，この理由は何のためにあるのかが，その文を読み終わらないとわからない。ここで，読み手の理解度と興味度の違いが生まれてくる。

3.3　データに対する考察

　前節までに技術レポートの構成と書き方，作文法について解説したが，本格的な技術レポートを書くのが初めての読者にとっては，データ解析の仕方や解析結果に対する考察を考えるのは難しいであろう。そこで，本節ではデータに対する考察の例を示し，具体的な考察の書き方を説明する。

3.3.1 考察の例

> **例1** 海洋汚染の原因とその対策
> 要約： 海洋汚染に着目し，その件数と原因について調査した。そして，それらの関係を明らかにした。

〔1〕 結　　果　　図3.4に，海洋汚染の種類別発生件数の年度推移[3]を示す。また，図3.5に，東京湾の海洋汚染原因の分類[4]を示す。

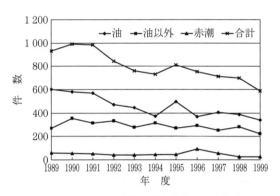

図3.4　海洋汚染の種類別発生件数の年度推移[3]

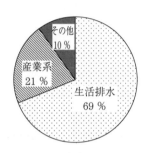

図3.5　東京湾の海洋汚染原因[4]

〔2〕 事　　実
（1） 海洋汚染の件数自体は1989年から減少傾向にある（なぜか）。
（2） 合計件数を見ると，ピーク時の件数に比べて，1999年度の件数は数にして400件ほど減少しており，割合では40.7％減少している。
（3） 種類別では油による汚染が汚染件数全体の約6割を占めている。
（4） 汚染件数全体の減少は油による汚染の減少によるものである（なぜか）。
（5） 東京湾の海洋汚染原因は生活排水によるものが69％と高くなっている。

84   3. 技術レポート

〔3〕 考 察 例

(1) 『船舶などからの油による海洋汚染の発生確認件数が年ごとに
減少しているが，これは汚染防止に関する法律による規制や監視
体制の強化，廃油処理施設の整備といった石油流出防止対策がと
られるようになってきているためである。』

(2) 『東京湾の海洋汚染原因については，家庭のトイレや風呂，台
所，洗濯機から流される生活排水が半数以上の原因となってい
る。東京湾のような閉鎖性内湾については，汚染対策として，湾
内に流入する汚染物質の流入量を削減することが最も効果的であ
る。近年の水質規制・排水規制によって水質は改善されつつあ
る。それでも，東京湾では現在でも夏には赤潮が発生し，有機汚
染が続いている。』

〔4〕 コメント　　海洋汚染のおもな原因である油による汚染が減少して
いることから，その原因について調べて言及している。解析しやすいデータだ
が，結果に対してつねに「なぜそうなったのか？」という疑問をもつことが重
要である。

例2　発電電力量の現状

要約：　電力の安定的な供給を考えるうえで重要となる過去の発電電
力量推移と，発電源の割合について調べた。発電コストや環境への負
荷を考慮に入れて今後の展開について議論した。

---

〔1〕 結　　　果　　図3.6に，1970年度から2000年度までの総発電電
力量の推移と，発電源の割合を示す[5]。図3.7に2000年度における発電源の
割合を示す[5]。図3.8に発電源別の発電コストを示す[6]。

〔2〕 事　　　実

(1) 発電電力量は1995年度頃まで急速に増え，それ以降はほぼ一定量で
ある（なぜか）。

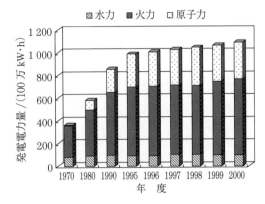

図 3.6 発電電力量の年度変化[5]

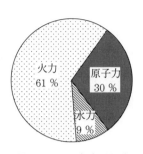

図 3.7 2000 年度における発電源の割合[5]

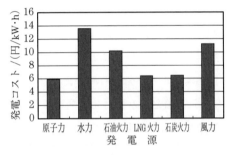

図 3.8 発電コスト[6]

(2) 発電源の割合を見ると，水力発電の発電電力量は変わっていない。火力発電は 1995 年度頃まで増加している。原子力発電は最も増加量が大きく，1970 年度から 2000 年度までに約 80 倍も増加している。

(3) 2000 年度における発電源の割合を見ると，原子力発電がすでに 30 % にもなっていることがわかる。

(4) 発電コストは原子力・LNG 火力・石炭については同程度であるが，水力はそれらの 2 倍以上高額である。

〔3〕 考　　察

(1) 『1995 年度頃までの発電電力量の増加は経済発展と家庭電化製

品の普及によるものである。その後一定の発電量となったのは，経済活動が停滞しただけでなく，家庭電化製品の消費電力が低下したことにもよる。』

(2) 『火力発電は，石油やLNGなど日本が輸入に頼っている資源を利用して発電を行っているので，国際情勢や為替変動の影響を受けやすく，不安定要因が多い。一方，原子力発電は，コストが安く安定的に電力が供給できるという利点があり，それが，原子力発電の割合が大きくなってきた理由でもある。』

(3) 『しかし，原子力発電は放射線や放射性廃棄物の問題をはじめとする扱いの困難さが伴うため，全面的に原子力発電に依存するのは危険である。』

(4) 『天然資源や原子力に頼らず発電をするためには水・風・太陽光などの自然エネルギーを利用するしかないが，現在必要とされる電力量を自然エネルギー発電のみでまかなうのは無理がある。』

(5) 『いろいろな発電源を組み合わせて発電を行い，省エネルギー化に向けて努力することが重要である。』

〔**4**〕 **コメント**　　発電はエネルギー供給の基本であり，われわれの経済活動全体のバロメータでもあるので，結果の解析や考察は理解しやすい。発電コストの違いをより詳細に調べるとよい。

3.3.2　実験データに対する考察

前項までの説明は，情報検索の結果をまとめるレポートの書き方を説明したものであるが，理工系学部や工業系高等専門学校，ひいては技術系の職業に就けば，ある対象に対する研究の過程として，理論解析や実験解析，シミュレーション解析を行うことが必須となる。この場合，対象となる現象を支配する理論や数式モデルを構築し，実験で確認するという作業が発生する。実験結果は「実験レポート」としてまとめられるが，その構成要素としては，これまで説

明してきた内容に加え，「**理論**」と「**実験手法**」が必要になってくる。本節では，これらに対して簡単な解説を行うとともに，例題を用いて，その記述法を説明することとする。

〔**1**〕 **実験データ処理の手順**　ここでは，ある理論を確認することを目的として実験を行ったとする。基礎理論はすでに確立されたものを利用し，実験に用いる機器もそろっているとする。実験時および実験後における実験データの扱いに関しては，通常以下のようにする。

（1）　実験データを整理するために，データ表を作る。これには，実験題目，日付，作業者，実験条件（気温・気圧・湿度，そのほか必要な条件），実験番号などを記入する。

（2）　実験を実施し，得られた実験データをデータ表に記入する。

（3）　非 SI 単位で表示されている実験データは SI 単位に変換する。その際，有効桁数に注意する。

（4）　物理量の変換が必要な場合は，校正式によって変換する。例えば，熱電対は温度計測用だが，得られるデータは電圧値である。この電圧値を温度に変換するのが校正式で，それぞれの測定装置に固有なものである。

（5）　グラフ用紙にすぐ書けるようならば，得られた実験データをプロットしてみる。表計算ソフトも積極的に活用する。

（6）　理論式から計算された値を，同じグラフ中にプロットする。必要ならば回帰曲線を追加する（*2.3* 節参照）。

（7）　データの誤差と実験値の有効桁を念頭に置いて，物理量どうしの関係を把握する。

（8）　グラフの説明，実験結果の考察を考える。

〔**2**〕 **計測データ中の誤差**　あらゆる計測データには必ず誤差が含まれる。実験結果を考察する際にはつねにこのことを頭に入れておかなければならない。本項では，計測データの誤差とその取扱いについての概説を行う。

実験時における誤差とその対策としては以下のものがあげられる。

88   3. 技術レポート

（1） 計測の誤差： 測定器自体の誤差。データ読み取り誤差。

→測定器の誤差をあらかじめ把握しておく。同条件の実験を何度も繰り返して読み取り精度を上げる。

（2） 校正の誤差： 物理量の変換に使う校正式に含まれる誤差。

→校正式は測定器固有のものとして与えられており，誤差範囲も明示されている場合が多いので，あらかじめ把握しておく。

（3） データ処理時の誤差： 単位換算，有効数字による桁落ち誤差。

→通常，上述の2項目の誤差に比べて小さいが，有効桁数が少ない場合には注意を要する。

〔3〕 **データに対する曲線の当てはめ（回帰曲線）**　　計測データには誤差（ばらつき）があるので，理論式から得られた曲線と比較をするときには，「妥当な」近似曲線（回帰曲線と呼ぶ）を計算する必要がある。最もよく用いられているのは，2.3節に解説してある「最小二乗法」である。これは，得られる回帰曲線と各データの値との差の二乗が最小になるように曲線を当てはめていくという作業で，表計算・グラフ作成ソフトには，この機能が含まれている場合がある。

単純な曲線で当てはめができないからといって，実験で得られたプロット上に勝手な近似曲線を描いてはならない。実験点はあくまで離散データであることを忘れないようにする。

〔4〕 **考察の仕方**　　考察の仕方は，その実験がどのようなものかによって異なるが，ここでは，理論式を実験によって確かめる場合の考察の仕方を説明する。その際は，以下の点を考慮する。

（1） 基礎となる理論を把握する。特に，理論解析において仮定している条件を確認する。

（2） 理論解析における仮定条件が，実験において当てはまるかどうかを確認する。

（3） 実験データに含まれる誤差の種類と程度を把握する。

3.3.3 実験データに対する考察例

ここでは実際に実験データが得られたとして，そのデータの処理の仕方と考察例を示す。なお，ここで示したデータは説明用に作成した架空の実験データであり，実際の実験結果ではない。

〔**1**〕 **例題（はりのたわみ）**　ここでは，はりのたわみに関する理論の確認実験を行ったとする。理論式の記述は文献[7]から引用した。「理論」と「実験手法」の項目は，レポートの全体構成の中では，「背景と目的」の後に配置する。

「タイトル」，「要約」，「背景と目的」，**「理論」**，**「実験手法」**，「結果」，「考察」，「結論と今後の課題」，「参考文献」，「付録」

〔**2**〕 **理　　論**　まずは基礎理論を解説する。**図 3.9** に示すような『片持ばり』の先端 A に荷重 P/N を作用させると，はりの内部には曲げモーメントが発生する。はりの先端（A 点）を原点として，先端からの距離を x/m とすると，この点における曲げモーメント $M_x/(\mathrm{N \cdot m})$ は式 (3.2) で表される。

$$M_x = -Px \tag{3.2}$$

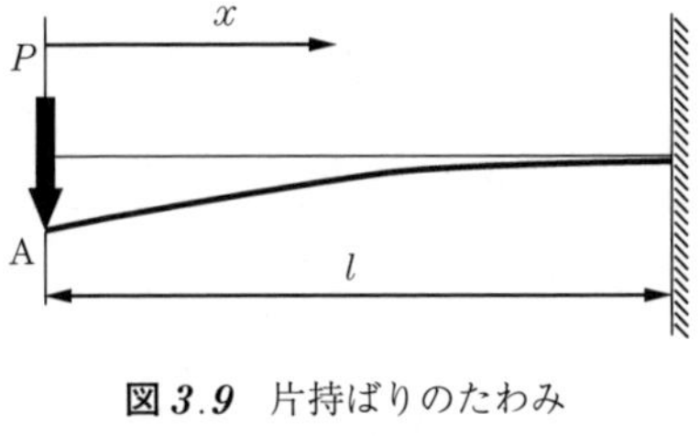

図 3.9　片持ばりのたわみ

はりのたわみ v/m と断面にかかる曲げモーメント M_x の関係は，**変形が小さいと仮定できる**場合には，式 (3.3) のように表される。なお，E/Pa は縦弾性係数（ヤング率），I/m^4 は断面二次モーメントである。

$$\frac{\mathrm{d}^2 v}{\mathrm{d}x^2} = -\frac{M_x}{EI} \tag{3.3}$$

90　　3.　技 術 レ ポ ー ト

式 (3.2) を式 (3.3) に代入し，積分定数を適切に設定しながら 2 回積分を行うと，片持ばりのたわみ分布は式 (3.4) のようになる。

$$v = \frac{P}{6\,EI}(x^3 - 3\,l^2 x + 2\,l^3) \tag{3.4}$$

たわみの最大値は，はりの先端 ($x=0$) で生じ，その値 v_A は式 (3.5) のようになる。

$$v_A = \frac{Pl^3}{3\,EI} \tag{3.5}$$

〔*3*〕　**実 験 手 法**　　「実験レポート」では，実験をどのような方法で，かつどのような手順で行ったかを詳細に記述する必要がある。以下は本例題に対する記述例である。

式 (3.5) を検証するには，片持ばり先端に荷重をかけて，はり先端でのたわみを測定すればよい。式 (3.5) より，はりのひずみと荷重は比例定数を $l^3/3EI$ とする一次曲線の関係にあるため，はりの先端にかかる荷重 P を変えて，ひずみを計測し，一次関数で回帰曲線を作成すれば理論式との比較ができる。これを実現するために以下のような実験を行った。

（1）　鋼でできた「はり」を用意し，片方の端を固定して片持ばりを準備した。はりの特性は**表 3.3** のとおりである。

表 3.3　は り の 特 性

	記 号	値	単 位
はりの長さ	l	0.40	m
はりの幅	b	0.02	m
はりの高さ	h	0.01	m
断面二次モーメント	$I = \dfrac{bh^3}{12}$	1.67×10^{-9}	m^4
縦弾性係数	E	7.00×10^{10}	Pa

（2）　はりの先端に円形の分銅を吊り下げた。分銅は重量が 0.20 kgf のものと 1.00 kgf のものがあり，これらを組み合わせて 0.20〜3.00 kgf まで，0.20 kgf ずつ重量を増やして荷重をかけ

た。

（注）　ここでは，分銅の単位を「重量 kgf」とした。これは非SI 単位なので，公式なレポートには記述できないが，実際の実験現場では依然として非 SI 単位表示の実験装置や設備が存在する。ここでは，それらの SI 単位への変換を行う過程を示すため，非 SI 単位である「重量 kgf」を利用した。

（3）　はりのたわみを計測した。はりのたわみは「ダイヤルゲージ」で計測した。ダイヤルゲージは微小変位を直接的に計測することができる器具である。

〔4〕 **実 験 結 果**　**表 3.4** に得られた実験データを示す。荷重値は分銅の重量を非 SI 単位である〔kgf〕と，その SI 単位である〔N〕に変換した値を記載した。表中には，たわみの理論値 /mm〔式（3.5）より計算〕，たわみの計測値 /mm，理論値との偏差 /% を示す。ただし，このデータは実際に測定したものではない。**図 3.10** には，計測値のプロットと線形に近似した曲線を示す。横軸は荷重 /N であり，縦軸はたわみ /mm である。

表 3.4　実験データ（はりのたわみ）

荷　重 /kgf	荷　重 /N	たわみ理論値 /mm	たわみ計測値 /mm	理論値との偏差 /%
0.20	1.96	0.36	0.35	−2.12
0.40	3.92	0.72	1.18	65.1
0.60	5.88	1.08	1.02	−5.27
0.80	7.84	1.43	1.78	24.0
1.00	9.80	1.79	1.90	6.00
1.20	11.8	2.15	2.48	15.5
1.40	13.7	2.51	2.76	10.1
1.60	15.7	2.87	2.76	−3.65
1.80	17.6	3.23	3.31	2.46
2.00	19.6	3.58	3.60	0.31
2.20	21.6	3.94	4.08	3.42
2.40	23.5	4.30	4.41	2.49
2.60	25.5	4.66	4.58	−1.66
2.80	27.4	5.02	5.05	0.65
3.00	29.4	5.38	5.34	−0.68

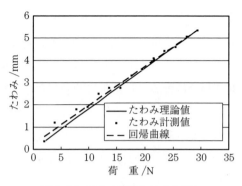

図3.10 はりの荷重とはり先端に
おけるたわみ

エラーバーは未記入とする。

〔5〕 **データの検証** 表3.4および図3.10からわかることを列挙しておく。

(1) 計測値にはばらつきが存在し，近似された直線からの偏差もまちまちである。
(2) 計測値のばらつきは，たわみが大きくなるにつれて小さくなる。
(3) 理論値との偏差はたわみが小さいときのほうが大きい。

〔6〕 **考えられる誤差**
(1) ダイヤルゲージの指示誤差： 正しい測定方法に従っていない
(2) ダイヤルゲージの読み取り誤差： 読み取り値の変動（ふらつき）
(3) はりのセッティングの不備。特に固定端の支持方法
(4) はりの物性値のばらつき
(5) はりのたわみが微小であるという理論上の仮定を超えるたわみ量が発生している

〔7〕 **考察の例** 以上から考えられるとつぎのような考察例が得られる。

たわみが小さい場合には，ダイヤルゲージの指示値のばらつきが大きくなりやすく，読み取り誤差の割合も大きくなってしまうため，理論値との偏差（ずれ）が多くなってしまったと考えられる。たわみが

大きくなると，理論解析で仮定していた「変形が微小である」という仮定が適用できなくなると予想されるが，5 mm 程度のたわみでは大きな変形ではないので，理論値ともよく一致した。近似曲線（線形近似）の傾きは 1.74×10^{-4} m/N であり，式 (3.5) から理論的に計算される値である 1.83×10^{-4} m/N より 4.58 ％小さい値となった。これは，たわみが小さいときに偏差の大きさが影響しているためで，この部分の計測精度を上げると，よりよい一致を示すと考えられる。

この例題における考察のポイントは，理論式から計算された値と実験値を比較しているため，理論式の適用が妥当であるかということを言及している点である。実験に対する考察は実際に実験を行わないと適切に書けないが，実験を行った場合には実験条件や実験の様子をよく考慮して結果に対する考察をする。

3.4 書　　　　式

レポートの構成内容やその配置，図表の示し方などを規定したものを「書式」と呼び，通常は与えられた書式に沿ってレポートを作成する。本書のレポート作成演習例では，著者らの大学における「卒業研究発表会」において配布する「概要集」用の書式を参考にした。通常，学協会や講演大会で研究発表を行う場合には，「予稿集」や「概要集」を作成するため，2〜4 ページ程度の「書式」が用意されており，その書式に沿って記述された原稿の提出を要求される。「書式」には，文字数やページ数など執筆に関する注意事項が細かく定められており，所属学会などによって異なる場合が多い。読者が研究発表や論文投稿を行う際には，提出先機関から提供される書式情報を利用されたい。

3.4.1 体　　　　裁

原稿はワープロソフトなどを用いて印刷し，A4 判の用紙 2 枚にプリントする。

94   3. 技術レポート

〔**1**〕 **フォーマット**　　左右マージンは 21 mm，上マージンは 22 mm，下マージンは 28 mm をとる。本文は 2 段組で，コラム幅 80 mm，コラム間隔 8 mm とする。本文は 9 ポイントの文字で 1 行最大 25 文字（両端そろえ，字送り 9.05 pt），最大 50 行（行送 14 pt）で 2 段組（2 500 文字）とし，フォントは原則として明朝体を使用する。

〔**2**〕 **タイトル**　　題名は 2〜3 行目に 14 ポイントの強調文字（太字）を使用し，中心割付で書くこと。ただし，タイトルは左 35 mm 以上の余白をとって題名を書き始めること。

〔**3**〕 **著 者 名**　　卒業研究指導者名と著者名は 5〜7 の 3 行以内に 10 ポイントの明朝体を使用して強調体により右詰めで記入する。

〔**4**〕 **本文の構成および書き方**　　本文は原則として，緒言，実験方法，実験結果，考察，結言，参考文献の順に記述すること。

本文は 9 ポイントで 1 行文字数 25 文字（両端そろえ）とし，2 段組で記述する。著者名から 1 行空けて書き出しとする。各章・節の見出しはゴシック体を使用し，1 行最大 25 文字（両端そろえ，字送り 9.05 pt），最大 50 行（行送 14 pt）で 2 段組（2 500 文字）とし，フォントは原則として明朝体を使用する。1 行空けて左詰めで記述する。

読点は「，」（カンマ），句点は「。」（マル）を用い，句読点およびかっこは 1 字に数える。なお，句点には「．」（ピリオド）を用いる場合もあり，それぞれの予稿原稿の規定で定められており，その規定に従わなければならない。新しい行の始めは 1 字分空ける。章，節などの分け方および記述方法は，後出の図 *3.11* に示す概要原稿の書式例を参考にする。

3.4.2 図表の書き方

図（写真も図として数える）および表は，それぞれに一貫した番号と題名（キャプション）を記入する。図表題名は原則として和文・英文を特に規定しないが，本文中で引用する場合は，日本語で図 1，表 1 のように書く。なお，一つの図表の中に（a），（b）のように複数の図表がある場合は全体の題名を

付ける。図表中の文字は原則として英文表記とする。

　図や表は本文中の説明と離れない位置に貼り付ける。また図表の幅は原則として1段の幅（80 mm）以内に収め，やむ得ない場合は2段の幅で記述する。なお図表の左右には本文は回り込まないようにする。さらに図・表どうし，あるいは図，表と本文は1行以上間隔を空けるようにする。インクジェットもしくはレーザプリンタで原稿を印刷する場合，十分な解像度のものを用いること。解像度の判断は，論文指導者および著者の責任で行うこと。

3.4.3　数式の書き方

　数式は式として独立したものは

$$\frac{a+b}{c+d} \tag{1}$$

のように記述し，本文中に出てくるものは，$(a+b)/(c+d)$ のように書く。式中の文字の説明や次元などは必ず本文中に記述する。式の番号は（1），（2）のように通し番号とし，式番号を本文中で引用するときは，式（1）のように（　）を付けて記述する。

3.4.4　参考文献の書き方

　他人の報告やデータを引用するときは，必ずその出所を明らかにしなければならない。特に研究の背景などを説明する際には，必ず必要な文献を引用する。また，できるだけ最近発行された文献を引用するとよい。参考文献の記述方法は，学協会ごとに定められているが，おおむね以下の原則に従っている。

（1）　一般に公表されていない文献（投稿予定や未発表論文など）はできるだけ引用しない。またウェブサイトの引用については，やむをえない場合を除きできるだけ引用しない。

（2）　本文中の引用箇所には，右肩に小かっこを付け，通し番号を付ける。

　　　【例】　山本[1] によれば…，高橋[1],[2] によれば…，田中，鈴木[1]〜[3] によれば…

96   3. 技 術 レ ポ ー ト

（3）　参考文献は本文末尾に番号順にまとめて書く。

（4）　参考にした文献の誌名は，略記せずにすべてを掲載する。

（5）　参考文献の書き方は，一般的には英文で記述するのが一般的である
　　　が，和文で記載する場合もある。雑誌，書籍および特許など記述方法が
　　　定められており，和文・英文ともおおむね以下の順序で記述する。

【書籍の場合】

（1）著者名，（2）書名，（3）ページ数（単ページでは p.＊，複数ページ
では pp.＊～＊で示す），（4）発行所，（5）発行年

【雑誌の場合】

（1）著者名，（2）論文の題名，（3）雑誌名，（4）巻，号，（5）始まり
と終わりのページ数（pp.＊～＊で示す），（6）発行年

以下に参考文献の書き方例を示す。

参考文献の書き方例

書籍の場合（和文）

（1）　大和太郎：詳細工業力学，p.20，コロナ社（1999）．

書籍の場合（英文）

（1）　H. A. Schwartz and A. M. Bodart, Foundry：Science, p.50, Pitt
man Publishing Co.（1950）．

雑誌の場合（和文）

（2）　東京正男，世田谷文男：工業教育におけるプレゼンテーションの効
果，日本工業学会誌，75 巻，5 号，pp.450～455（1998）．

雑誌の場合（英文）

（2）　Keer, L. M., Knapp, W. and Hocken, R., Resonance：Effect for a
Crack Near a Free Surface, Transaction of the ASME, Journal of
Applied Mechanics Vol.51, No.1, pp.65～69（1986）．

3.4.5 用　　　語

用語の使用に際しては，細かい規定があるわけではない。しかし，執筆に際

「卒業論文」予稿原稿の書き方
(1 line space)

指導　五島一郎　教授　　武蔵二郎　准教授
　　　工学三郎　講師　　機械四郎　院生
　　0211001　金属四郎　　0211010　木材五郎
(1 line space)

1. はじめに
「卒業研究」で提出する予稿原稿の書式について示す．原稿はワープロ等での印刷により，Ａ４の用紙２枚に記述する．
(1 line space)

2. 概要原稿の書き方
２．１　フォーマット　左右マージンは21 mm，上マージンは22 mm，下マージンは28 mmとる．本文は2段組で，コラム幅80 mm，コラム間隔8 mmとする．本文は9ポイントの文字で一行最大25文字（両端揃え，字送り9.05 pt），最大50行（行送14 pt）で2段組(2500文字)とし，フォントは原則として明朝体を使用する．

２．２　タイトル　題名は2～3行目に14ポイントの強調文字（太字）を使用して，中心割付で書くこと．ただし，タイトルは左35 mm以上の余白をとって題名を書き始めること．

２．３　著者名　卒業研究指導者名と著者名は5～7の3行以内に10ポイントの明朝体を使用して強調体により右づめで記入する．
(1 line space)

3. 本文の構成および書き方
本文は原則として，緒言，実験方法，実験結果，考察，結言，参考文献の順に記述すること．

本文は9ポイントで1行文字数25文字（両端揃え）とし，2段組で記述する．著者名から1行空けて書き出しとする．各章・節の見出しはゴシック体を使用し，一行最大25文字（両端揃え，字送り9.05 pt），最大50行（行送14 pt）で2段組(2500文字)とし，フォントは原則として明朝体を使用する．1行空けて左詰めで書くこと．読点は（，カンマ），句点は（．）を用い，句読点および括弧は1字と数える．新しい行の初めは1コマ空ける．
(1 line space)

4. 図表の書き方
図（写真も図として数える）と表は，それぞれに一貫した番号と題名（キャプション）を記入する．図表題名は原則として和文・英文は規定しないが，本文中で引用する場合は，日本語で図1，表1のように書く．なお，1つの図表の中に(a)，(b)のように複数の図表がある場合は全体の題名をつける．

図や表は本文中の説明と離れない位置に貼り付ける．また図表の幅は原則として1段の幅(80 mm)以内に収め，やむを得ない場合は2段の幅で記述する．なお図表の左右には本文は回り込まないようにする．さらに図・表どうし，あるいは図，表と本文は1行以上間隔をあけるようにする．インクジェットもしくはレーザープリンターで原稿を印刷する場合，十分な解像度のものを用いること．
(1 line space)

5. 数式の書き方
数式は式として独立したものは，

$$\frac{a+b}{c+d} \quad (1)$$

のように記述し，本文中に出てくるものは，$(a+b)/(c+d)$のように書く．式の番号は(1)，(2)のように通し番号とし，式番号を本文中で引用するときは，式(1)のように()をつけて記述する．式中の文字の説明や次元などは必ず本文中で記述する．

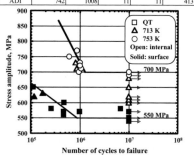

表1　各材の機械的性質

	0.2 % proof stress /MPa	Tensile strength /MPa	Elongation /%	Reduction of area /%	Vickers hardness /HV$_{0.05}$
As-cast	318	453	22	22	197
ADI	742	1008	11	11	413

図1　QT材および窒化処理材のS-N線図

6. 参考文献の書き方
一般に公表されていない文献はできるだけ引用しない．またWebサイトの引用については，やむ得ない場合を除きできるだけ引用しない．本文中の引用箇所には，右肩に片側の小括弧をつけ，通し番号をつける．

(例) 山本[1]によれば，…田中，鈴木[1-3]によれば…

本文末尾に番号順にまとめて略記せずにすべてを掲載する．

引用文献の書き方は，以下の順序で記述する．

〈書籍の場合〉(1) 著者名，(2) 書名，(3) 始まりのページ数(pp.**で示す)，(4) 発行所，(5) 発行年．

〈雑誌の場合〉(1) 著者名，(2) 論文の標題，(3) 雑誌名，(4) 巻，号 (5) 始まりと終わりのページ数 (pp. **-**で示す)，(6) 発行年とし，以下に例を示す．

〈書籍の場合〉
1) 機械太郎，"詳細工業力学"，pp. 20，コロナ社(1999)．
〈学術雑誌の場合〉
2) 東京正男，世田谷文男，"工業教育におけるプレゼンテーションの効果" 日本工業学会誌，75巻5号，pp. 450-455(1998)．
(1 line space)

7. その他用語等
用語の使用に際しては，下記のことには注意を要する．
(1) 商品名をできるだけ避けるようにする．
(2) 意味のあいまいな用語を定義なしに使用したり，新造語を不用意に使ったりすることを避ける．
(3) 常用漢字表にない漢字は原則として，仮名書きにする．
(4) カタカナの使用は，原則として外来語に限る．
(5) 送り仮名の付け方は，常用漢字に従うものとする．

図3.11　著者らの大学において実施される「卒業研究発表会」用概要原稿の書式例

98　　　*3. 技術レポート*

して，下記のことには注意を要する。

（1）　商品名をできるだけ避けるようにする。

（2）　意味の曖昧な用語を定義なしに使用したり，新造語を不用意に使ったりすることを避ける。

（3）　常用漢字表にない漢字は原則として，仮名書きにする〔例：ひずみ（×歪）〕。常用漢字であってもやさしい漢字があればそれを使用する〔十分（×充分）〕。

（4）　カタカナの使用は，原則として外来語に限る。

（5）　送り仮名の付け方は，基本的には常用漢字に従うものとする。

　図 **3**.11 に，書式の具体例として，著者らの大学において実施される「卒業研究発表会」用概要原稿の書式例を示す。

演 習 問 題

【1】　「技術レポート」に含まれる内容として適切なものを以下の選択肢から選べ。
実験結果，見積依頼，詩，解析結果，自分の見解，他人の見解（参考文献提示），政治記事，他人の見解（参考文献提示せず），データ表，支払請求，結果の図，広告，参考文献リスト，読書感想文

【2】　「技術レポート」を書く際に**ふさわしくない行為**を以下の選択肢から選べ。

（1）　知り合いが調べた情報を手に入れたので，内緒で文章にした。

（2）　インターネットで情報を得たときに URL を記録した。

（3）　本に書いてあった文章を参考文献の提示をすることなく丸写しした。

（4）　自分の好きなようにレポートを構成した。

（5）　おかしな文章になってないか何度もチェックした。

（6）　望ましくない実験結果が出たので，改竄した。

（7）　実験手法の説明はめんどうなので省いた。

【3】　以下に示す「技術レポート」の構成項目（1）〜（6）を適切な順番に並べ替えて，対応する説明文①〜⑥との正しい組合せを示せ。

　　項目：（1）参考文献，（2）背景と目的，（3）タイトル，（4）結論，（5）結果，（6）考察

　　①　論文のまとめ（目的と対応している）

　　②　調査，実験で得られたデータ

演　習　問　題　　*99*

　　③　レポートの内容を端的に表す主題

　　④　レポート内で参照した情報源リスト

　　⑤　なぜこのレポートを書いたのか。レポートの狙い

　　⑥　データから何がわかったか

【4】　「技術レポート」を作成するときに気を付けるべき重要事項を**少なくとも三つ**あげよ。

【5】　以下の文章を技術レポートとして添削せよ。

　　（1）　言葉づかい（下線部のうち，不適切な表現を削るか，必要ならば書き換える。なお，例文の内容は事実に基づいたものではない。）

> 　　図3より，日本人の死亡原因が変化しつつあることが<u>わかりました</u>。昭和40年代より，ガンによる死亡者数が<u>かなりの</u>割合で増加している<u>ようです</u>。<u>たぶん</u>食生活の変化が影響しているの<u>でしょう</u>。早急な対策をとることが重要だと<u>思います</u>。

　　（2）　文法（文中の助詞や接続詞が一部不適切である）

> 　　図1が応力-ひずみ線図を示す。応力とひずみが比例関係にある領域の変形が「弾性変形」といい，この範囲内で荷重を外しても，もとの形状に戻ることはできる。そのため，この領域以上の荷重（ひずみ）を加えると，荷重を外しても，もとの形状に戻ることとできない「塑性変形」になる。

【6】　付録 *A* の自由課題レポート演習例を参考にしてレポートを作成せよ。

4 プレゼンテーション

3章では技術文書の記述の方法を学んだ。本章ではプレゼンテーションによる技術情報の伝達について述べる。文書は正確かつ詳細に技術情報を伝達する重要な手段であるが、一方でプレゼンテーションは口頭説明でわかりやすく情報伝達を行うことができるという長所がある。本章ではプレゼンテーションについて、その必要性、スライドのつくり方、説明の方法、質疑応答の方法に分けて述べる。付録 B にスライド例と発表の様子を示したので、併せて参考にしていただきたい。

4.1 プレゼンテーションとは

4.1.1 プレゼンテーションの概略

高校までの授業の多くは、知識の習得を中心とした学習を行ってきた。大学でも、低学年では同様の授業が多いのだが、上級学年に進むにつれて人前で発表する機会が増え、卒業研究の公聴会などでは、自分の言葉で大勢の人に向かって発表することになる。また、大学院に進学すると学会で研究を発表する機会があるかもしれない。就職して企業に勤めれば、会議などで仕事の成果や今後の方針を同僚や上司に説明したり、顧客に商品を紹介したりする必要があるだろう。

この際に、スライドなどで資料を示しながら聴衆に説明することを**プレゼンテーション**と呼ぶ。近年では、Microsoft PowerPoint などのソフトウェアを用いて作成したスライドをモバイルパソコンやプロジェクタで表示しながらプ

レゼンテーションを行うことが一般的になっている。本章ではプレゼンテーションの基本的な技術について述べる。

なお，日常会話の得手不得手とプレゼンテーションの善し悪しは必ずしも一致しない。楽しい会話をすることができるかどうかは，その人のキャラクターによるところが大きいが，プレゼンテーションは情報伝達のための技術である。話すことが苦手な人でも，基本的なルールを守り十分な準備をして本番に臨めば，優れたプレゼンテーションをすることができる。

4.1.2 論文やレポートなどの技術文書との違い

プレゼンテーションは論文やレポートと何が違うのだろうか。論文やレポートでは，背景，目的，実験方法，データ，考察，結論，将来の課題などをすべて記述しておく必要がある。すなわち，その文書を読めば内容を完全に把握できるように漏れなく記述しなければならない。

一方，プレゼンテーションでは，通常は時間が限られているためにすべてを説明することなどできないので，最も伝えたい部分に的を絞って説明する必要がある。逆に，他人に口頭で直接説明できるので，文書による表現が難しいことでもジェスチャーを交えるなどして容易に伝えることができる場合も多い。また，質疑応答などでは双方向に情報伝達を行うこともできる。

4.1.3 言葉で伝えることの難しさ

プレゼンテーションを行ううえで最初に理解してほしいことがある。それは，**他人に情報を言葉で正確に伝えることはとても難しい**ということである。仲の良い友達と話すなら，ていねいに話さなくても意味が通じるかもしれない。過去にコミュニケーションをとった時間が長いので，暗黙の了解が働いて，たがいに相手がどんなことを伝えようとしているのかをある程度は正確に推測できるためである。さらに，相手の理解度を把握していれば，それに合わせて基本的な説明を追加/省略できる。たとえ要領を得ない説明でも友情のおかげで，我慢して聞いてくれるかもしれない。

102   4. プレゼンテーション

　それでは学会で研究発表をする場合や，仕事で顧客に商品を説明する場合にはどうだろうか。そういった状況では，聴衆の大部分を一度も話したことのない人が占めるであろう。この場合には暗黙の了解は通用しない。必要な情報をきちんと説明しなければ，つぎつぎと質問を受けて先に進むことができないか，聴衆があきれて部屋から出て行ってしまうかもしれない。

　また，聴衆の背景もさまざまで，自分の話題の専門家もいれば，まったくの素人ということもありうる。特に，詳しくない人が多い場合には，基礎的なことから話しはじめる必要があるだろう。一方で，説明する時間にも気を付けなければならない。学会では通常は発表時間が厳しく制限されるし，仕事の取引先に説明する場合でも，あまり長すぎると聴き手が疲れてしまって，逆に印象が悪くなるということもありうる。いちばん重要なのは，限られた時間内にできる限り，ていねいかつ要領よく説明することである。そのためには周到な準備が絶対に必要である。**プレゼンテーションの聴き手が理解できるかどうかは，話し手に責任がある**という意識をもって取り組んでほしい。

4.1.4　プレゼンテーションの戦略

　例えば，卒業論文の公聴会では，数か月～十数か月かけて研究した成果を，スライドを用いて他の人たちに，数分～数十分の限られた時間で説明する。会社で顧客に製品を説明する際にも，長い年月をかけて開発した製品を短い時間にまとめて説明することになる。したがって，効率的に考えを伝えるために，重要なポイントを選び出してアピールする必要がある。このことを頭に入れて，プレゼンテーションをどのように行ったらよいか戦略を練ってみよう。特に注意すべき点をあげておく。

（１）　要点に話題を絞ってアピールする：　短い時間で説明するのだから，いちばん伝えたいことに話題を絞る。

（２）　スライドの枚数は１分につき１枚程度：　スライドの枚数の目安は，１枚/分＋２～３枚にしてていねいに説明する。１枚の提示時間が短かすぎると，聴衆が理解できないまま先に進んでいってしまうことになる。

スライド作成については*4.2*節で説明する。

（3） スライドでは図やグラフを多用する： 短い時間で聴衆に要点を理解してもらうため，文章や数値のかわりに図やグラフを多用するとよい。

（4） 説明の台詞を書き出し，覚え，よどみなく説明できるように練習する： 台詞をその場で考えて，与えられた時間ちょうどで説明するなど不可能である。あらかじめせりふを書き出し，完全に記憶し，時間どおりに説明する練習をしておくこと。詳しくは*4.3*節で説明する。

（5） 質疑応答における想定問答集をつくり，質問に備える： ありそうな質問はすぐに答えられるように，想定問答集をあらかじめ準備しておくこと。詳しくは*4.4*節で説明する。

4.1.5 発表準備の手順

さて，プレゼンテーションを行うためにどんな準備をすればよいのだろうか。格好のよいスライドをつくるだけで十分だろうか。わかりやすいスライドを作ることは必要だが，それだけではなく，しっかり説明しなければならない。あくまで説明することが主であり，スライドは聴衆の理解を助けるための補助資料であるからだ。それでは，スライドをしっかりつくって説明の準備も完了した。それで十分だろうか。いいや，説明をすれば当然質問されるかもしれない。時には激烈な議論をする必要があるかもしれない。このように，プレゼンテーションを行うためには大きく分けて，以下に示す（1）～（3）の項目をすべて行う必要がある。

（1） スライドを作成する

（2） 説明できるようになる

（3） 質疑応答・議論を行えるようになる

これら3項目の詳細は*4.2*節以降で順に述べる。

発表準備の手順を**図*4.1***に示す。その内容を以下で詳しく述べる。

（1） テーマを決めて，資料を集める： レポートや論文をすでに作成しているなら準備はできているはずである。

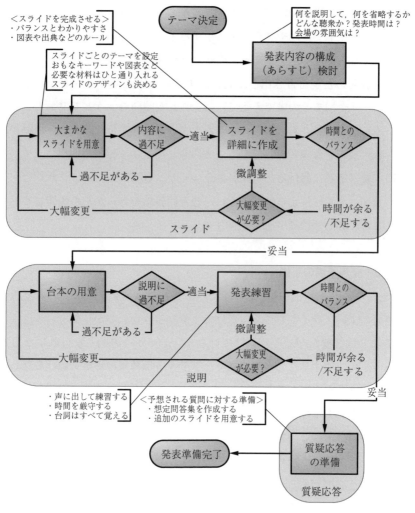

図4.1 発表準備の手順

(2) 発表内容の構成（あらすじ）を決める： このプレゼンテーションで，聴衆に何をどういう順序で伝えたいのかを具体的にまとめる。

(3) スライドを必要枚数用意する： プレゼンテーションソフトでスライドを実際に作成してみる。この時点では流れだけをチェックするので，細かい部分までつくる必要はないが，図やグラフなどの材料はすべて盛

り込んでみる。

(4) スライドを完成させる： 発表時間を考慮し，バランスや見やすさなどに気をつけながら，スライドをよく推敲して完成させる。過不足に気づいたなら，(3)に戻って構成を再検討する。

(5) 台詞を書き出した台本を用意する： 多くのプレゼンテーションソフトは台詞を入力することもできる。台詞の分量に注意して，発表時間ちょうどで終わるように調整する。

(6) 発表練習を行う： 完璧に説明できるようになるまで発表練習を行う。特に発表時間を厳守すること。必要に応じて(5)に戻って台詞を修正する。

(7) 質疑応答の準備をする： 想定問答集や追加説明用のスライドなどを用意するとよい。

慣れないうちは，台詞をつくっている途中でスライドを直す必要が生じたり，質疑応答の準備中に説明の不足に気づいたりすることともあるだろう。そ

図 *4.2* 4.1節の要点をまとめたスライドの例

の場合は，（2）〜（5）などに戻ってスライドや台詞を適宜修正したうえで，続きの作業を再度行うことになる。

4.1節の要点をまとめたスライドの例を**図4.2**に示す。

4.2　スライドの作成

本節では，スライド作成の流れを説明する。最初に前述した枚数の目安を基準にして，（1）構成を検討する。つぎに（2）具体的にスライドをつくる。そして（3）文言やグラフを調整し，最後に（4）わかりやすいスライドになるまで推敲する。以下で順に説明する。

4.2.1　スライドの構成

プレゼンテーションは文書と異なり，結果や自分の考えなどの要点を強調することに主眼を置く。したがって文書とは構成が完全に異なると考えてよい。

卒業論文の構成を例にあげて考えてみよう。

第1章　導入：研究の背景を説明する。

第2章　研究の目的を説明し，問題設定を行う。

第3章　実験方法を説明する。

第4章　シミュレーションや実験結果を提示する。

第5章　データを考察する。

第6章　まとめと今後の課題を述べる。

このように，背景からデータの考察まで順に記述する。

一方で，卒業研究公聴会のプレゼンテーションでは，つぎのような構成のスライドにするとよいだろう。

（1）　発表題目と発表者氏名・所属

（2）　始めに，自分が行った研究とその意義を説明して動機付けする。

（3）　聴衆に興味をもってもらえそうなスライド（例えば写真など）を示す。（2）と同時でもよい。

（4）　図を用いて，実験方法の概要を説明する。

（5）　グラフを用いて，実験データをわかりやすく説明する。

（6）　実験データの考察を行う。箇条書きなどで要点をまとめる。

（7）　結論と今後の課題を示して終わる。

このように，発表では最初に興味をそそるようなおもしろい結果を示し，聴衆を発表に引き込むことが必要である。また実験データなどでも，図やグラフを用いておもな成果を聴衆に理解してもらうのがよいだろう。細部に興味をもった人には，論文をじっくりと読んでもらえばよい。

上にあげた卒業研究の発表会をはじめ，ゼミの発表から学会発表に至るまで，スライドの一般的な構成はつぎのようになる。

（1）　最初のスライドに発表題目と発表者の名前・所属を示す。

（2）　2ページ目のスライドで発表の動機付けを行う。例えば研究や調査であれば，社会的背景や研究・調査の目的を示して，この発表の重要性をアピールする。

（3）　3ページ目以降に，具体的な発表内容を説明するスライドを示す。以下の項目を順に掲示することになる。

　　①　調査や実験内容の概略（図や箇条書きを用いる）

　　②　結果のデータ（グラフや表を用いる）

　　③　データの考察（箇条書きで要点のみをまとめる）

　　これらの項目は必ずしも別のスライドにする必要はなく，分量に応じて適宜まとめてよい。

（4）　最後のスライドには，発表の要点を列挙してまとめとする。今後の課題も併せて示すのもよい。

付図 $B.1$〜$B.5$ に上記（1）〜（4）に該当するスライドを示すので，一例として参考にしてほしい。

スライドの構成を決めるには，目安となるスライドの枚数分（1枚/分＋2〜3ページ）だけ白紙を用意し，各スライドのテーマのみを記入して並べてみるとよい。説明の流れが悪いなら順番を入れ替え，説明が不足するなら補足

のスライドを追加して，重要度の低いスライドは削除する。例えば Power-Point では「スライドの一覧表示画面」において簡単にスライドを入れ替え，追加・削除することができる。

この段階の最後にスライドのデザインを決めておくとよい。多くのプレゼンテーションソフトではデフォルトの文字のサイズや色，背景などスライド全体のデザインを統一することができるうえに，さまざまなテンプレートが用意されているので，発表会場や内容に合ったものを選択する。

4.2.2　具体的にスライドをつくる

スライドの構成が決まったら，各スライドに箇条書きの文章を記入し，グラフ・写真・動画などを挿入する。各スライドの内容は大ざっぱなもので構わないが，プレゼンテーションで示すべき情報はすべて盛り込むようにする。この段階での特に重要なポイントをあげる。

（１）　聴衆に合わせたスライドにする：　プレゼンテーションの聴衆がもつ知識（専門家が中心なのかどうか）など，相手を意識してスライドを作成する。

（２）　発表時間に合わせたスライドの枚数にする：　スライドの枚数は，「発表時間（分)＋2～3枚」程度にする。10 分間なら 12～13 枚になる。5 分以下の短い発表の場合には「1 分につき 1 枚」を原則として，多くても 1 枚追加する程度に抑える。

（３）　内容を厳選する：　すべてを説明しようと欲張ってはいけない。大事な部分に絞って説明するべきである。

（４）　スライドごとに見出しを付ける：　そのスライドのページで何を述べるのか，テーマがひと目でわかるようにする。

（５）　文章を書かない。キーワードを並べる：　スライドに文章を書く必要はない。聴衆が読むことに意識を集中すると，発表者の説明が耳に入らなくなりがちである。スライドにはキーワードを箇条書きなどで並べ，それらの意図する内容は言葉で説明する。

（6）箇条書きを用いる： 箇条書きを積極的に使用して，主張したい項目がひと目でわかるようにする。プレゼンテーション全体の構成を説明するなどしてもよい。

（7）文字ではなく図表を用いる： 聴衆がひと目でわかるように，可能な限り図表を用いるようにする。2.2 節の図表のルールに従って図表を作成すること。

（8）データの出典を示す： データなどを他の文献から引用した場合は，その出典を明らかにする。文献・資料の表示は，著者，タイトル，発表年のみを簡潔に付記すればよい。

（9）バランスに注意する： 発表の構成をよく吟味し，バランスのよいスライドをつくる。1 枚のスライドに納まりきらないようなら，前後で調整するか，全体の構成を見直す必要がある。

多くのプレゼンテーションソフトでは代表的なレイアウトが用意されている。PowerPoint 2016 の例を図 *4.3* に示す。箇条書きの文章だけにするのか，図を入れるのか，図を入れるなら何個入れるのかなどを考えて，適当なス

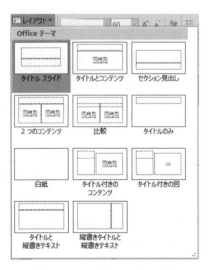

図 *4.3* スライドのレイアウト

110 *4. プレゼンテーション*

ライドレイアウトを選択すると効率的にスライドを作成できる。

4.2.3 文言やグラフの体裁を整える

つぎに，文章やグラフの分量やサイズが適当なものになるように調整する。4.2.2項で述べたスライドのデザインを変更すると，例えば，箇条書きの最後の数文字がつぎの行にはみ出したり，グラフが小さくなったりして視認性が低下するかもしれない。この際に注意すべき基本的なポイントをあげる。

（1） 文字サイズを安易に小さくしない： 小さい文字サイズのフォントを用いると，広い会場の後ろからは見えなくなることがある。また，文字を小さくして文章を増やすことは好ましくない。文がはみ出したら，文を推敲して簡潔な言葉に置き換えるようにする。

（2） グラフのサイズを安易に小さくしない： グラフのサイズを小さくすると視認性が低下する。特に，グラフ中の単位や数値などが読みにくくなることが多い。グラフの表示範囲を調整するか，グラフのサイズを大きくするなどして，小さくしないように可能な限り努力する。

（3） 表・グラフ・図のキャプションは必ず付ける： 表・グラフ・図には，原則として技術文書と同じようにキャプションを付ける。資料や論文をあらかじめ配布してあるなら，番号が一致することが望ましい。キャプションについての詳細は2.2節を参照していただきたい。なお，図4.2右上のような挿絵にはキャプションを付ける必要はない。

4.2.4 わかりやすいスライドになるように調整する

最後に，よりわかりやすいスライドになるように，文字に色をつけたり，アニメーションを入れたりするなど微調整をする。

（1） 要点を目立たせる： スライドの中の重要なポイントが目立つように，大きな文字を使い，枠で囲むなどの工夫をする。

（2） グラフの傾向がわかるように工夫する： グラフでデータを示した場合，その定性的な傾向がわかるように，吹出し，矢印，網掛けなどで工

夫する。

（3） 色をうまく使って強調する：　重要なキーワードには色をつけて強調する。一般に赤は瞬間的な注目色，青は持続的な注目色と言われている。新しいスライドを見た瞬間には，赤色の文字に注目するが，しばらくすると関心が薄れる。青色の文字は，赤より最初の注目度は低いが，記憶に残りやすい。見出しは赤，重要なキーワードや結論は青で示すのがよい。

（4） スライドのページ番号を付ける：　ページ番号を入れておくと，質疑応答の際に便利である。

（5） アニメーションなどを用いて強調する：　PowerPoint では，アニメーション，吹出し，テキストボックスなど重要な部分を強調する機能があるので，うまく使うとわかりやすいスライドになる。ただし，あまり凝りすぎないようにする。大切なのは内容である。

4.2.5　スライドに関する発表者の心得

発表の目的は，あくまで内容を聴衆に伝えることである。そのためには，聴衆に興味をもってもらえるような理解しやすくおもしろいスライドを用意する必要がある。印象的な図やグラフを用意したり，キーワードとなる大事な言葉に色をつけて強調したりするのはそのためである。また，聴衆の知識や考え方はさまざまである。独りよがりの発表にならないように，広い視点から客観的な論理展開をする必要がある。聴衆が自分の発表をどのように受け止めるのか，つねに推測しながらスライドを作成する。

スライドは効率的に説明するための資料にすぎず，発表の主役はあくまで発表者である。スライドの準備に時間を使いすぎて発表練習がおろそかになったりするなど，スライドに振り回されたりすることがないように注意する。

4.2 節で述べたことがらのうち，特に重要な注意点をまとめたスライドの例を**図**4.4 に示す。また，付図 B.1〜B.5 に示すスライドの例も参考にしていただきたい。

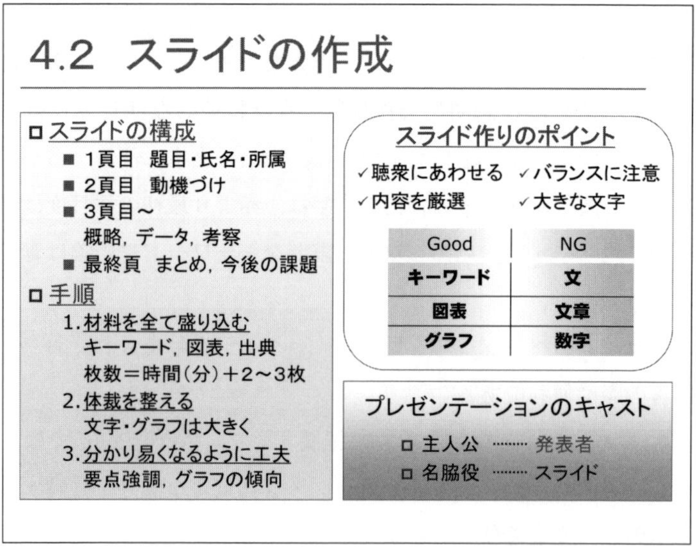

112   4. プレゼンテーション

4.2 スライドの作成

□ スライドの構成
- 1頁目 題目・氏名・所属
- 2頁目 動機づけ
- 3頁目～
  概略, データ, 考察
- 最終頁 まとめ, 今後の課題

□ 手順
1. 材料を全て盛り込む
   キーワード, 図表, 出典
   枚数＝時間(分)＋2～3枚
2. 体裁を整える
   文字・グラフは大きく
3. 分かり易くなるように工夫
   要点強調, グラフの傾向

スライド作りのポイント
- ✓聴衆にあわせる ✓バランスに注意
- ✓内容を厳選 ✓大きな文字

Good	NG
キーワード	文
図表	文章
グラフ	数字

プレゼンテーションのキャスト
- □ 主人公 ……… 発表者
- □ 名脇役 ……… スライド

図4.4 4.2節の要点をまとめたスライド

4.3 プレゼンテーションにおける説明

4.3.1 プレゼンテーションにおける口頭説明

本項では，スライドを用いた説明の方法について学ぶ。まず，スライドは発表のための補助資料であることを思い出してほしい。発表の主役はやはり発表者の口頭説明である。論理的で明朗快活な口頭説明は聴衆を引き付けるものである。みなさんにも，ぜひすばらしい発表を行ってほしい。

4.3.2 プレゼンテーションの進行

卒業研究の公聴会，学会，講演会などのフォーマルな発表会の多くは，司会者がいて，発表の進行を取り仕切る。通常は，最初に司会者が発表者と発表題目を紹介する。時間に余裕のある場合には，発表者の経歴を紹介することもある。司会者による紹介が終わると，発表者が「ご紹介ありがとうございます」と司会者に礼を述べてから，プレゼンテーションを始める。

プレゼンテーションは，パソコンに接続されたプロジェクタによってスクリーンに表示されたスライドを見せながら，発表者が聴衆に向かって話をする。

発表者がプレゼンテーションを終えたら，「以上です。（ご清聴）ありがとうございました」と礼を言って，発表が終了したことを知らせる。すると司会者が聴衆に質問やコメントを求め，議論が行われる。

通常，発表時間はあらかじめ決まっているので，発表者はそれを厳格に守るべきである。規定時間より，長い場合だけでなく，短い場合も好ましくない。発表者が時間を守れるように，司会者が鈴を鳴らして時間を教えてくれる場合もある。時間が終了したら，速やかに発表を終えるべきである。

4.3.3 口頭説明の基本

スライドを用いたプレゼンテーションを行う場合は，スライドを順に示しながら，その内容に沿って話しをしていけばよい。しかし発表における説明とは，スライドの内容を解説することではない。口頭説明する際の資料としてスライドを示すのである。したがって，スライドに頼りすぎて振り回されないように気を付ける。

また，発表者の話に聴衆の意識を引き付けるために，**発表者はつねに聴衆の方を向いて話をすべき**である。聴衆に背を向けてしゃべったりすると，声が聞こえにくくなるだけではなく，聴衆も聞く気がなくなってしまう。発表者が熱意を込めて聴衆に語りかければ，聴衆もきっと発表者の説明に耳を傾けてくれるはずである。

4.2節にも述べたが，発表内容が聴衆にとって魅力的に見えるように，発表者は最大限の努力をすべきである。スライドでは，おもしろいデータや写真を最初に示すことによって聴衆を引き付けることができた。説明ではどのような工夫をしたらよいであろうか。その第一の基本は大きな声で話すことである。遠くの人に聞こえるだけでなく，言葉もはっきりとして自信をもっているように見せることができる。

また，抑揚をつけて話すことも効果的である。話の流れ上，あまり重要でな

い部分は抑え気味に説明し，本当に重要な部分では，言葉に力を込めて説明する。これによって聴衆は，発表者がどの部分に力点を置いて話しているのか理解することができる。

なお，口頭発表を行う場合は，です・ます調（敬体）を使用する。レポート作成では「である調」（常体）だったが，口頭発表では，ていねいな印象を与えるために，「です・ます調」を用いるのが普通である。

4.3.4　口頭説明を行うための準備

それでは，口頭説明を行うための準備のポイントを順番にあげる。

（1）　台本をつくる：　短い時間を有効に使って口頭説明するためには，あらかじめ何を説明し，何を省略すべきなのか吟味しなければならない。思いつくままに話したら，話の流れが悪くなるし，大事なことを話し忘れるかも知れない。必要十分な内容をリズムよく説明するために，作成したスライドに合わせた台詞をすべて書き出し，台本をつくるべきである。台詞も文章にして見直してみると，修正すべき点がはっきりとわかるようになる。

（2）　台詞はすべて覚える：　**台本の台詞はすべて憶えなければならない。**人前で発表する際に**台本を読んだりしてはならない。**そんなことをしたなら，「自分は発表練習をしていません」と暴露するようなものである。自分で書いた台本なのだから，繰り返し練習を行えば必ず説明できるようになるはずである。壇上に上がったら，自然に台詞が出るくらい練習しておく。

（3）　**発表時間を厳守する**：　研究発表や技術報告会では，発表時間が厳しく制限されている。リハーサルを繰り返し行い，時間どおりに発表が終わるようにならなければならない。規定時間でちょうど話が終わるように，繰り返し練習を行いながら，台詞の量や話す速度を調整する。

（4）　**声に出して練習する**：　声に出して練習することは非常に重要である。台本を暗記して，頭ですらすら思い浮かぶようになっても，それで

は口頭説明できるようになったとは言えない。なぜなら，目で読む・思い浮かべるといった動作より，声に出して話すという動作は，はるかに遅いからである。声に出して練習してこそ，必要とする時間を計ることができる。

なお，**あがり症の人は，上記の声を出した練習を徹底的に行ってほしい。**十分に練習を行って自然に台詞が口から出るようになっていれば，たとえ本番前に緊張していても，プレゼンテーションを始めれば自動的に口から台詞が流れ出るはずである。練習に優る対策はない。

4.3.5 説明を上手に行うためのポイント

そのほかに口頭説明を行ううえでのポイントを示す。

（1）**聴き手を意識する：** 聴衆の予備知識がどの程度あるかを意識しながら話すようにする。専門家が相手なら専門用語を遠慮なく使用すべきだし，素人ならていねいで直感的な説明が必要である。専門家から素人まで幅広い聴衆を相手に説明する場合でも，その平均レベルを意識しながら，話の内容に詳しい人もそうでない人も，ある程度満足できるように配慮することが重要である。

（2）**スライドに示した内容はすべて説明する：** スライドに掲載して聴衆に見せたものは，必ず説明するようにする。説明のないものがあると，「それは何だろう」と，聴衆の意識がそれてしまう。もしも説明しないのなら，思い切って省くか，質疑応答用の予備のスライドに移動すべきである。

（3）**グラフや表をていねいに説明する：** グラフや表を説明するときには，単に示すだけではなくて，ていねいに説明する必要がある。まず，どのような傾向を確認するために作図・作表したのかという目的を先に述べる。その後に，グラフについては，横軸・縦軸が何を表すのか，そしてその単位・目盛を説明し，プロット・曲線が何を表すかを述べる。表については，行・列のデータの種類・単位を説明する。そして，どの

ような傾向があるかを説明した後に考察を述べる。グラフについては2.3節で述べた統計的な手法を用いて定量的な指標を示すことが好ましい。

(4) ゆっくりと話す： 発表者にとっては当たり前の事実でも，聴衆は理解するための時間が必要である。発表者はできるだけゆっくりと話すように心掛ける。一般に，人は緊張すると話が早くなりがちなので，練習のときからゆっくりと話すように心掛ける。

(5) 明瞭に話す： 説明を行うときには，なるべく明瞭な表現を使うようにする。曖昧な表現は日本人の日常的な礼儀作法としては意味のあることかもしれないが，発表では聴衆を混乱させるだけである。

(6) 指示棒やレーザポインタを上手に利用する： スクリーンなどの大きい画面では，指示棒やレーザポインタを使用する。通常は，説明箇所をトレースして左から右に，上から下に動かす。特に図を説明する際には，指示棒を上手く使いこなせれば，たいへんわかりやすいプレゼンテーションになる。

図 *4.5* 　*4.3*節の要点をまとめたスライド

（7） 聴衆の理解度を把握する： 聴衆の反応から理解度を把握することも
大事である。これはアイコンタクトとも呼ばれる重要な技術である。

*4.3*節をまとめたスライドを**図*4.5***に示す。

4.4　質疑応答の行い方

4.4.1　質疑応答の目的

発表を行った後に，通常は発表者と聴衆の間で質疑応答を行う。その目的は

（1） 聴衆の疑問に発表者が答える： 発表の内容について，聴衆が詳しく
知りたい部分を説明できる。

（2） 聴衆と発表者が議論を行う： 聴衆が発表を聴いてどう思ったのか知
ることができる。また，聴衆と意見交換することもできる。

といったように，質疑応答を通じて発表者と聴衆が双方向の情報伝達を行うた
めである。本当にすばらしいアイデアは，人と議論することを通して生まれる
ことも多い。恥ずかしがらずに，積極的な議論をするように心掛けてほしい。

4.4.2　質疑応答の流れ

通常は発表を終了した後に質疑応答を行う。発表の終了後に司会者が聴衆に
質問・コメントを求めるので手を上げよう。司会者に指名されたら，自分の所
属と名前を述べてから質問やコメントを述べる。質問に対しては発表者が回答
する。その後にまだ時間があれば，司会者が他の人を指名して質疑応答を続け
る。予定した時間が過ぎれば司会者が質疑応答の終了を告げて，つぎの発表に
移ることになる。

4.4.3　質疑応答の準備

発表者は質疑応答の準備として，以下の二つを行うことが好ましい。

（1） 想定問答集をつくる： 発表者は，発表中に聴衆が疑問を抱かないよ
うに全力で準備すべきであるが，時間の都合上，発表から割愛せざるを

118   *4. プレゼンテーション*

得ない部分が生じることもある。そういった部分などについては，想定される質問を書き出し，あらかじめ答えを用意して，想定問答集にまとめておく。すると，いざ本番で質問されたときに，わかりやすい回答をすることができるし，類似する質問に対する回答を考えるためにも役立つ。手際よく説明するために，質疑応答用の予備のスライドも準備しておくことが望ましい。

（2）　他人に発表練習を聴いてもらうとともに質問をしてもらう：　他人に発表練習を聴いてもらい，質問してもらうことも有効である。その中で，発表者が予想もしないような視点の質問やコメントをもらうことができるかもしれない。また，質問を受けたその場で考えて素早く回答するよい練習にもなる。友人や家族など，多くの人に発表練習を聴いてもらって，質疑応答の練習を行うとよい。

4.4.4 質疑応答を行う際のポイント

質疑応答を行う際に注意すべきことをあげる。

（1）　質問・コメントは恥ずかしがらずに積極的に行う：　慣れないうちは「こんなことを質問したら馬鹿にされないだろうか」，「こんなコメントは発表者の役に立つのだろうか」などと遠慮しがちである。プレゼンテーションは相互に意見を交換することが大事であり，活発な質疑応答がそれを加速する。ぜひとも，勇気を出して積極的に質問やコメントをしてほしい。

（2）　質問者は何を質問したいのか，何を議論したいのかを明らかにする：　話題が何なのかが伝わらないと，質問を受けたほうは何に答えたらよいのかわからずに混乱する。できる限り，具体的に話したほうがよい。

（3）　最初に自分の意見を述べる：　例えば，「私の考えは…です。その理由は…です。」といったように，最初に意見を述べてしまう。すると，聞き手は心構えをしてから聴くので，話し手の主張を理解することが容易になる。

4.4 質疑応答の行い方　　119

（4）　回答者は意見を明確にする：　Yes なのか No なのか最初に明らかに
　　　する。その後に根拠を述べる。

（5）　質問の数は1回につき1個に絞る：　複数の質問を受けると，壇上で
　　　緊張している回答者は二つのことに頭を使わなければならないので混乱
　　　することがある。したがって，質問者は1回につき1個だけ質問すべき
　　　である。

（6）　回答は1個ずつ行う：　質問を受けたら，1個の質問につき1個のこ
　　　とを答える。

（7）　相手が求めるものだけを答える：　質問者が求めることにだけ答える
　　　べきである。相手の求める以上の内容に答えるのは，慎むべきである。

（8）　知っていることだけを回答する：　自分の知らないことについて質問
　　　されるときもある。その場合には，曖昧な回答をせずに，わからないこ
　　　とをはっきりと表明する。

　質疑応答は，自分の正しさや賢さを披露するための時間ではないということ
を意識しよう。**質問や議論を通じてたがいに意見を交換し，有益な情報を得る
ために行われる**のである。したがって，たがいの意見を尊重しながら，相手に
とって利益になるコメントを述べて，建設的な議論を行う必要がある。

4.4.5　**良い議論を行うための注意点**

議論を建設的に行うためのコツをあげておく。

（1）　相手の良いところは誉める：　本当にすばらしいことを誉めているの
　　　なら，「おべっか」を使うことにはならない。相手がすばらしい意見を
　　　述べたのなら，積極的に誉めよう（例：「良い質問だと思います」，「鋭
　　　いコメントですね」，「わかりやすい発表だと感心しました」）。

（2）　反論は，相手の意見を尊重したうえで行う：　相手と異なった意見を
　　　主張する場合にも，あくまで相手の意見や立場を尊重したうえで，別の
　　　考え方もあると述べるべきである。したがって，相手の意見を認める発
　　　言をしたうえで，自分の考え方を主張する（例：「ご意見は理解できま

す。しかし，別の見地からすると…」)。
- （3）つねに真摯な態度を保つ：　相手が誤解をしている場合や，初歩的な事を質問してきた場合でも，回答者は真摯な態度でていねいに説明する義務がある。誤解や質問の原因が，説明の仕方が悪かったり，聴衆に合わない説明であったりした可能性があるからである。質問をしてくれたことに感謝し，相手にとって有益な情報を提供して，つねに建設的な議論を行うように心掛ける。

4.4節をまとめたスライドを図4.6に示す。

図4.6　4.4節の要点をまとめたスライド

演 習 問 題

【1】最寄り駅から学校までの道案内をするスライドを作成し，3分で説明せよ。
【2】自分の母校を紹介するスライドを作成し，5分で説明せよ。
【3】付録の自由課題について，4分間でスライドを用いたプレゼンテーションを行い，1分間で質疑応答を行いなさい。想定問答集も作成せよ。

付　　　　録

付録 *A*　自由課題レポート演習例

付録 *A*.*1*　自由課題レポート

　著者らの授業では，レポート作成に必要な基礎技術の習得を目的として，大学 1 年次生を対象に，つぎに示すようなレポート作成演習を実施した。レポート課題と規定は以下のとおりである。

〔**1**〕**課　　題**　　『以下に示す規定に沿ってテーマ選定を行い，A4 判で 2 ページのレポートを作成せよ。ただし，レポートの作成は授業中の指示に従って段階的に行う。』

〔**2**〕**規　　定**

① 数値データに基づく議論を行う：　単なる論評・解説ではなく，数値データに基づいた議論を展開できるテーマ内容とする。

② 実データを扱う：　虚構のデータは不可とする。

③ 得られたデータから最低 1 個はグラフを作成し，レポート中に示す。

④ オリジナルなテーマである：　過去に提出されたレポートタイトルと重複がないことを確認する。オリジナリティに富んだテーマを選定する。

⑤ 図書館を利用して書籍を最低 1 冊は活用し，参考文献にする。

⑥ 担当教員および上級生の “査読” に合格する必要がある。

⑦ 分野の指定：　テーマは下記の 5 個の大分類のうち，少なくとも 1 個に含まれるもの（複数の分野にまたがることも認める）を各自で選択する。大分類の内容は付記したキーワードやテーマ例を参考にする。例にあげた以外のキーワードも，大分類に含まれるなら選択できる。

〔3〕 大分類とキーワード

【大分類 *1*】 産　　業

＜キーワード＞　IT 産業，自動車産業，航空機産業，ロボット産業，知能化機械，生産技術，エレクトロニクス，光技術，基礎材料，ナノテクノロジー，バイオテクノロジー，経営，経済，輸出入

＜テーマ例＞　光ファイバー敷設量の推移に関する考察，ナノテクノロジー市場の成長

【大分類 *2*】 環　　境

＜キーワード＞　排ガス規制，オゾン層破壊，地球温暖化，オゾン層破壊，大気汚染，海洋汚染，海洋資源保護，リサイクル，ゴミ問題，排出物問題，環境再生

＜テーマ例＞　各国の二酸化炭素排出量の推移，ペットボトルリサイクルの有効性の検証

【大分類 *3*】 宇　　宙

＜キーワード＞　ロケット，人工衛星，宇宙ステーション，惑星探査機，有人宇宙活動，真空環境，プラズマ環境，放射線環境，太陽活動

＜テーマ例＞　人工衛星の打上げ数の変遷，ロケット打上げ成功率の変化

【大分類 *4*】 工 学 倫 理

＜キーワード＞　事故と責任，虚偽報告，設計と信頼性，製品の安全性，生産者責任，消費者保護

＜テーマ例＞　自動車のリコール率の変化，消費者保護法がメーカーに与えた影響

【大分類 5】 エネルギー

<キーワード> 火力発電，水力発電，原子力発電，風力発電，太陽光発電，エネルギー利用，電力エネルギー，エネルギー資源，エネルギーと環境，省エネルギー技術，エネルギー変換

<テーマ例> 風力発電の利点と欠点に関する考察，原子力発電のリスクに関する検討

【大分類 6】 生体工学

<キーワード> 遠隔手術，バイオメトリック個人認証，ユビキタス医療，手術ロボット，在宅医療，診断機器，治療機器，生体物性，人工臓器，生体信号，医用画像，福祉機器

<テーマ例> バイオメトリック個人認証の需要増加と信頼性に関する考察

大分類にまたがるテーマでもよい。例えば「ガソリン車とハイブリッド車の燃費の比較」などは，【大分類】が *1*. 産業，*2*. 環境，*5*. エネルギーで，<キーワード>が自動車産業，排ガス規制，省エネルギー技術となる。

付録 *A.2* 自由課題レポート作成にかかわる文書

著者らの授業は，レポート作成の基礎を習熟させることが目的である。レポート作成の初心者である大学 1 年生向けの演習において，いきなり最終的なレポートを書かせると，その添削作業が膨大となる（経験談）。そこで著者らは，レポート作成の過程で受講生にいくつかの文書を段階的に作成させることにした。その結果，最終レポートの出来具合は向上し，添削にかかる労力も軽減した。以下に，授業時に作成させた文書とその例を示す。

（1）　レポート企画書：　レポートのタイトル，背景と目的，情報源などを記入する。**付図 A.1** に 3 章で示したレポート作成例題（3.1.4 項）に対する企画書例を示す。

（2）　レポート構成書：　背景と目的，収集データ（図表），データ解析（考察）を記入する。図表には情報源を付記しておく。**付図 A.2** に 3 章で示したレポート作成課題に対するレポート構成書例を示す。

（3）　最終レポート：　3 章を参考にして最終レポートを書く。著者らの授業においては，レポート初心者向けの課題ということで，文書量を A4 判で 2 ページとした。**付図 A.3** に自由課題レポート作成例を示す。レポートの書式は 3.4 節で示された書式に沿っている。

自由課題レポート企画書（例）
【学籍番号】
0012000
【氏名】
尾山台太郎
【自由課題タイトル】
日本車の対米輸出遷移
【提出日】
2001 年 9 月 30 日（月）
【大分類】
産業
【キーワード】
自動車，貿易，輸出，為替相場，対米自動車輸出，貿易黒字
【企画概要】（３００字程度）
日本の工業製品輸出品目のうち，自動車は大きなウエイトを占める。なかでも，アメリカ合衆国（以下米国）向けの輸出額は日本経済の趨勢に多大な影響を与えるほど膨大である。従って，今後の対米自動車輸出の動向を予測することは日本経済を考える上で重要である。自動車は貿易品なので，その取引量は相手国（米国）の経済状況やドル－円為替相場に大きく影響される。そこで，本レポートでは，過去の日本車対米輸出遷移と為替変動を調べてその関係を明らかにするとともに，米国経済の状況を考慮することによって，今後の自動車対米輸出台数予測を行うことを目的とする。
【情報検索】
著者名：通商産業省　題名："通商白書（平成 12 年版総論）"
出版社：大蔵省印刷局　出版年：2000 年

付図 A.1　自由課題レポート企画書例

付録 A 自由課題レポート演習例

自由課題レポート構成書（例）

【学籍番号】1612000
【氏名】尾山台太郎
【タイトル】日本車の対米輸出遷移
【背景】今後の対米輸出がどうなるかを予測するために過去の状況を調べたい
【目的】過去の日本車の対米輸出遷移と日米経済状況の関係を調べ，今後の予測に役立てる
【結果】
- 円安期には自動車輸出が増大している反面，円高期は自動車輸出が減少する傾向がある
- 自動車の輸出台数と為替レートには相関が見られる
- 1990 年はバブル景気のピークであった
- 1999 年は円高に振れても輸出台数は増えた

【考察】
- 円安期には輸入品の価格が上昇する反面，輸出品の輸出先における価格は減少し，販売数が増加する．円高になるとその反対となる．
- 米国景気との関連を調べるために文献（3）を参照したところ，1996 年以降は米国が好景気であることがわかった．
- 1999 年は円高に振れても輸出台数は増えた原因は，米国の景気が好調であったから

【結論】
- 自動車の輸出台数は基本的には為替変動に連動している
- 為替変動だけでなく，輸出先の景気動向も考慮する必要がある

【参考文献】
1) 通商産業省：通商白書（平成１２年版総論），大蔵省印刷局(2000)．
2) 日本銀行ホームページ内：https://www.boj.or.jp/statistics/market/forex/fxdaily/index.htm/，【閲覧日：2016 年 6 月 5 日】．
3) 世界経済情報サービス編：ARC レポート（1999）米国―経済・貿易の動向と見通し，世界経済情報サービス社(1999)．

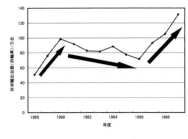

図 1　日本車の対米輸出台数(1)

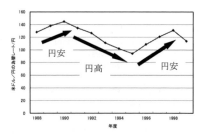

図 2　米ドル／円為替レート(2)

付図 A.2　自由課題レポート構成書例

日本車の対米輸出遷移

日付：2016年12月1日（木）
所属：世田谷工業大学 工学部 機械工学科1年
学籍番号：1612000 名前：尾山台太郎

要約

　自動車は日本の主要な輸出品目である。本レポートでは，今後の輸出動向を予測するため，輸出の大半を占めるアメリカ合衆国への輸出に着目し，過去の対米自動車輸出台数と為替変動の遷移を調べた。貿易データは「通商白書」から入手し，グラフ化することによってそれらの間の関係を明らかにした。さらに，米国経済の概況と照らし合わせて議論を行った。その結果，対米自動車輸出の変動は，基本的には対米ドル為替レートの変動に沿った変化をするが，米国経済の状況がそれ以上に重要な要因となることがわかった。また，現在の状況から，対米自動車輸出台数は今後減少すると予測した。

大分類：産業　　キーワード：自動車，貿易，輸出，為替相場，対米自動車輸出，貿易黒字

1　背景と目的

　日本の工業製品輸出品目のうち，自動車は大きなウエイトを占める。なかでも，アメリカ合衆国（以下米国）向けの輸出額は日本経済の趨勢に多大な影響を与えるほど膨大である。

　現在，日本車の対米輸出は米国の好調な景気に支えられて増加中であるといわれている。日本経済がバブル期の後遺症から依然回復せず，国内需要の増加が見込めない現状では，日本経済は輸出に頼らざるを得ない。従って，今後の対米自動車輸出の動向を予測することは日本経済を考える上で重要である。

　自動車は貿易品なので，その取引量は相手国（米国）の経済状況やドル・円為替相場に大きく影響される。これらの2つの要素はお互いに関連しあい，専門家であっても将来の予測は難しい。そこで，本レポートでは，過去の日本車対米輸出遷移と為替変動を調べてその関係を明らかにするとともに，米国経済の状況を考慮することによって，今後の自動車対米輸出台数予測を行うことを目的とする。

2　結果

　貿易データは文献1）に依った。表1に日本車の対米輸出台数（四輪車）の年度データを示す。統計は1988年度から1999年度までで，台数の単位は万台である。また，図1に日本車の対米輸出台数の年度変化を表すグラフを示す。横軸は年度（1988-1999）を示し，縦軸は四輪車の輸出台数（万台）を示す。図1から分かるように，1988年度から1990年度まではバブル期にあたり，強い日本国内経済を背景とした海外進出・海外販売が盛んになったため，輸出台数は増加している。その後はバブル崩壊に伴う景気減速により，1996年度まで減少を続けている。96年度以降1999年度までは，バブル期と同程度の比率

で増加している。1999年度の台数（131.4万台）は，バブルピークの1990年度（98.6万台）に比べて1.3倍多くなっている。

　表2に対米ドル為替レートのデータを示す2）。統計は同じく1988年から1999年で，単位は円である。このデータは年度に渡る平均値を示しており，一年度内でも30%から40%の変動をする場合もあるので注意を要する。図2に対米ドル為替レートの遷移を表したグラフを示す。横軸は年度（1988-1999）を示し，縦軸は為替レート（円，年度平均値）を示す。図から分かるように，バブルピークの1990年度までは強いドル政策による円安傾向にあり，144.80円まで安くなっている。その後は1995年度まで円高に推移し94.06円まで進行した。1995年度のピークからは再び円安傾向となり，1998年度に円安のピークを迎えている。1999年度は再び円高になった。

3　考察

　日本経済が好調であったバブル期は政策的なドル高・円安期でもあり，旺盛な国内需要と伴って自動車メーカーは大量の自動車を米国向けに輸出した。その後，バブル崩壊により日本経済が混乱するとともに，為替傾向がドル安・円高へ転じたために輸出台数は減少した。これは，あまりに強力になった日本経済と，大量の自動車輸出に押されたアメリカ合衆国の政策による。95年度を境にして再び円安傾向へ向かうと，米国内の景気が活発化したことと相まって，輸出台数は再び増加している。

　自動車輸出台数と為替レートの変化を比較すると，1990年度までのドル高・円安傾向に伴った自動車輸出台数の増加が見られる。このことより，為替レートと輸出は強い相関関係があるとわかる。1990年度から1995年度までのドル安・円高期には，自動車輸

出は減少しており，この時期の急激な円高が自動車輸出に影響を与えたことがわかる。1995 年度から1998 年度には，再び円安となっており，これに伴って自動車輸出は再び増加傾向になった。しかし，1999年度になって円高へ振れても，自動車輸出はバブル期と同様な比率で増加している。この理由は，この期間の米国経済が為替変動を上回るほどの好況であった[3]ことによる。

このように，対米向け自動車輸出は，基本的には為替変動に沿った動向を示すが，米国の景気動向も重要な変動要因となる。すなわち，対米輸出台数を説明するには，為替変動と米国経済を合わせて考える必要がある。

現在の状況は，米国経済の減速による需要減少，日本経済回復による円高という状況にある。このような状況下では，対米自動車輸出台数は今後減少すると予想できるが，米国内における自動車の買い換え需要も見込まれるため，大幅な減少はしないと考えられる。

しかし，日本の自動車メーカーは最近，割高な日本の労働力や原材料調達コストを避けて，生産拠点の海外移転を積極的に行っている。その結果，現地で売り上げが増加したとしても，それがそのまま対米輸出増加につながらない傾向も現れている。また，今後は韓国や中国などの発展途上工業国からも安価な自動車が輸出されてくることを考えると，日本の自動車メーカーはより一層のコスト削減や性能向上を迫られると考えられる。

4 結論と今後の課題

今後の対米自動車輸出台数を予測するため，過去の対米輸出台数推移を調べ，その傾向を考察した。その結果，以下の結論が得られた。

・輸出台数は基本的には為替変動に沿った変化をするが，米国経済の状況による影響が為替変動の影響を上回ることがある。
・現在の状況からすると，今後の対米自動車輸出台数は減少すると見込まれる。
・今後の国際競争はより一層厳しくなっていくと予想されるので，価格競争力や商品力の向上などの対策が重要となる。

今後の課題としては，米国の国民総生産などの国内経済指標を調べることにより景気動向を把握し，より詳細な予測をすることが挙げられる。

表1 日本車の対米輸出台数の年度変化[1]

年度	四輪車輸出台数/万台
1988	50.4
1989	75.9
1990	98.6
1991	91.9
1992	82.6
1993	81.8
1994	88.5
1995	77.5
1996	71.6
1997	93.3
1998	105.5
1999	131.4

表2 対米ドル為替レートの年度変化[2]

年度	米ドル/円レート/円
1988	128.2
1989	138.0
1990	144.8
1991	134.5
1992	126.7
1993	111.2
1994	102.2
1995	94.1
1996	108.8
1997	121.0
1998	130.9
1999	113.9

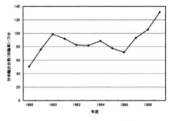

図1 日本車の対米輸出台数の年度変化[1]

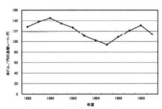

図2 対米ドル為替レートの年度変化[2]

参考文献

1) 通商産業省：“通商白書（平成１２年版総論）”，大蔵省印刷局(2000).
2) 日本銀行ホームページ内
https://www.boj.or.jp/statistics/market/forex/fxdaily/index.htm/,［閲覧日：平成29年３月１日］
3) 世界経済情報サービス編：“ARCレポート(1999)米国─経済・貿易の動向と見通し”，世界経済情報サービス社(1999).

128   付   録

　また，それぞれの文書に対して，その提出時に内容の確認などを行う必要が
ある。そのためには，チェック項目をリスト化して，チェック表を作成したほ
うが便利である。

　以下に著者らの授業で使用したチェック表を示すので参考にされたい。**付表**

付表A.1　レポート企画書チェック表

項目	内　　　　　容	チェック
a	他の人とテーマが重複している （重複者学籍番号　　　　　　　　　　　　　　　　　　　　　）	
b	データを扱うことができない・扱うことが困難なテーマと思われる	
c	ばく然としている。何のデータを扱い，考察するのかが不明瞭	
d	内容が多すぎるので対象を絞るべき（レポートはA4で2ページ）	
e	題名が不明瞭または不適当	
f	大分類が不適当/キーワードが不足している	
g	「今後の展望」が説明不足	
h	「です・ます」調で記述されている	
i	誤字脱字がある・文章がおかしい	

結　　　果

採　用
修　正：同じテーマで指摘箇所（チェック）を書き直し
不採用：テーマ変更，書き直し
校閲者：

付表A.2　ルーブリック形式のレポート構成書チェック表

	合　格	要改善
タイトル	適切なタイトルが提示されている	タイトルがないか不適切
背景と目的	背景と目的が適切である	背景・目的がないか不適切
図　表	自分で作成した図表が提示されており，図表の提示方法も適切である	図表が提示されていないか，提示方法が不適切
考　察	結果に対して適切な考察が提示されている	考察がないか，内容が不適切
参考文献	書籍が最低1冊提示されており，参考文献の提示方法も適切である	書籍が提示されていないか，参考文献の提示方法が不適切
文　章	誤字／脱字がなく，正しい日本語表現を使用している	誤字／脱字が見受けられるか，日本語表現が不適切

付表A.3　ルーブリック形式のレポートチェック表

大項目	小項目	評価			
		3	2	1	0
体裁	フォーマット	指定されたフォーマットに合わせて体裁を整えて記述している。	指定されたフォーマットにはほぼ合わせた体裁である。	指定されたフォーマットを使っているが、図のはみ出し・フォントの乱れがある。	指定されたフォーマットを使用していない。
体裁	分量	2ページを十分有効に使用して記述している。	2ページをおおむね有効に使用して記述している。	2ページを埋めているが、記述が不十分である。図表サイズを調整する必要がある。	不必要な空白がある。
文章法	誤字・脱字	十分によく推敲されていて、読みやすい文章である。	誤字・脱字はないが、一部に修正したほうがよい字句がある。	誤字・脱字がある。	誤字・脱字が多く、著者による入念な推敲が必要である。
文章法	言葉づかい	常体で客観的な表現を用いて記述している。	常体でおおむね客観的な表現を用いて記述している。	一部で敬体を用いている／主観的・曖昧な表現が多い。	敬体を用いている／主観的・曖昧な表現が多い。
内容	タイトル	レポートのテーマをよく表現し、アピール力がある。	レポートのテーマをよく表現している。	レポートのテーマと結果のずれがある。	レポートのテーマとのずれが大きい。
内容	要約	背景・目的・結果・結論をすべて含み概要を十分理解できる。	背景・目的・結果・結論を含み全体像を把握できる。	背景・目的・結果・結論のいずれかが欠けている。	要約が作成されていない。「背景と目的」や「結論」と同じ文章である。
内容	分類とキーワード	適切な分類で、深く関係したキーワードを3個以上記載している。	適切な分類で、適切なキーワードが3個以上記載されている。	分類・キーワードが適当ではない。キーワードが2個以下である。	分類・キーワードが記載がない。
内容	背景と目的	背景／目的の説明と参考文献を挙げて合理的に説明している。	背景／目的の説明をある程度行っている。	背景／目的の説明が不十分である。	背景／目的の記述がない。
内容	図表と結果	理解しやすいように工夫され、本文で十分に説明している。	読者が理解できる図表で、本文である程度説明している。	表現・体裁に問題がある。本文の説明が不十分である。	自分で作成した図表がない。
内容	データの考察	データに対する深い考察を行い、文献を引用して発展的に議論し、「目的」を十分達成している。	データに対する考察を行い、文献を引用して議論し、「目的」をある程度達成している。	データに対する考察を行っているが、目的を達成するには不十分で記述量がやや少ない。	データに対する考察がない。
内容	結論	得られたことをよくまとめ、「目的」に対応した結果を述べている。	得られたことをもれなくまとめ、「目的」に対応した結果を得ている。	得られたことをすべてまとめていない／「目的」に対応していない。	結論が記述されていない。
内容	参考文献	レポートの論旨を組み立てるために十分な量の参考文献を適切に参照している。	参考文献の体裁は正しく、本文での参照方法は適切である。	参考文献の体裁、本文、図表での参照方法が不十分である。	参考文献が不足している。本文・図表を参照していない。
内容	論理性と客観性	レポート全体で筋が定まり、議論の流れも明確である。見解の根拠となる事実も十分に用意されている。	文章で主語と述語が対応し、文章の流れは正しく、見解の根拠となる事実も記されている。	一部で、主語と述語が対応しない／論点が定まらず文章の流れが乱れている。見解に対する事実が不足している。	全般に、主語と述語が対応しない／論点が定まらず文章の流れが乱れている。本文・図表に対する事実が不足している。

$A.1$ にレポート企画書チェック表を，**付表 $A.2$**，**付表 $A.3$** にルーブリック形式のレポート構成書チェック表とレポートチェック表をそれぞれ示す。

ルーブリックとは，中央教育審議会答申[1]の用語集によれば，「米国で開発された学修評価の基準の作成方法」であり，「評価水準である「尺度」と，尺度を満たした場合の「特徴の記述」」が示された表を利用して評価を実施するものである。さらに，「達成水準等が明確化されること」により，「パフォーマンス等の定性的な評価に向くとされ，評価者・被評価者の認識の共有，複数の評価者による評価の標準化等のメリットがある」とされている。ルーブリックにはその使途に合わせて多種多様なものがあり，例えば米国の AAC&U（Association of American Colleges & Universities）のホームページ[2]では，適用分野に応じたルーブリックが複数提示されている。付表 $A.3$ では自由課題レポートに対し，評価項目と評価基準をマトリックス形式で示している。ルーブリックを論文や発表などの成果物評価に導入することにより，受講生にとっては，指導員の評価基準とそれに対する評価を知ることができ，自己改善に役立てることができる。

付録B　自由課題レポートのプレゼンテーション例

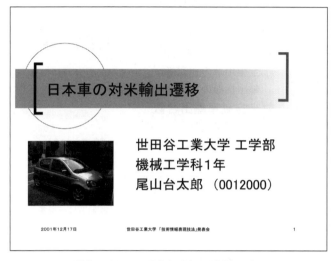

発表タイトル・発表者氏名・所属を示す。

付図 B.1　スライドの1ページ

付録 B.1　自由課題レポートの発表

　本項では，4章の内容を確認するための一例として，付録Aで示した自由課題レポートのプレゼンテーションを示す．ここでは，工学部1年生の授業内で，先生と同級生を対象としてプレゼンテーションすることを想定している．説明時間は4分間，質疑応答は2分間として，**付図B.1～付図B.5**に示すスライドを用いて発表した．付録B.2に発表会の様子を示す．付録B.2項の文中で太字にしている部分は，発表者が強調したところである．発表会の司会とタイムキーパーは先生が務めた．なお，発表時期は2001年の12月としている．また付録B.3では，この発表例について解説している．

132　付　　　　　録

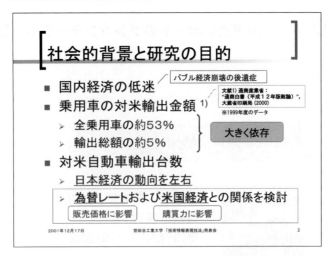

このスライドで動機付けを行い，発表の重要性をアピールする。

付図 B.2　スライドの 2 ページ

付録 B.2　自由課題発表会の様子

【司　会】　（前の発表が終了する）　つぎのご発表は「日本車の対米輸出遷移」というタイトルで，発表者は機械工学科の尾山台太郎さんです。

【発表者】　（スライドの 1 ページ目：付図 B.1 を表示する）　ご紹介くださり，ありがとうございます。この発表ではタイトルのように米国への日本車の輸出台数の変化を扱います。

（写真を指しながら）　こういった日本の乗用車は，世界の自動車市場でも燃費や信頼性で高い評価を受けています。特に米国は最大の輸出先で，日本の経済状況にとって大きな影響をもちます。私たち工学部の学生の多くは数年後に企業で働くことになるわけで，今後の景気が気になる人も多いと思います。そこで本発表では，日本車の対米輸出台数を決定する要因について私が調べた結果を報告します。

（スライドの 2 ページ目：付図 B.2 を表示する）　現在の日本経済は，バブル経済崩壊の後遺症で低迷しています。したがって，国内需要の増加を当面は期待できず，輸出に頼らざるを得ません。そのなかで乗用車の対米輸出金額

付録B　自由課題レポートのプレゼンテーション例　　133

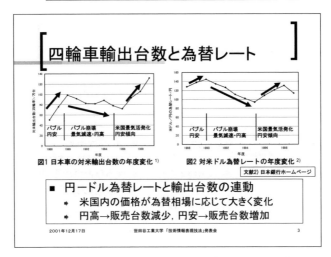

グラフを用いてデータを比較・検討して傾向を見いだし考察する。

付図B.3　スライドの3ページ

は，1999年度には，**全乗用車の約53％，日本の輸出総額の実に約5％**を占め，大きく依存しています。したがって，日本車の対米自動車輸出台数は**日本経済の動向を大きく左右**します。そこで私は販売価格に関係する為替レート，および，購買力に関係する米国経済状況との関係を調べました。

（スライドの3ページ目：付図B.3を表示する）　それでは，四輪車輸出台数と為替レートの関係を説明します。図1は日本車の対米輸出台数の年度変化を表しています。横軸は年度で1988〜1999年度までを表示しています。縦軸は四輪車の対米輸出台数で単位は万台です。

1988年から1990年まで，日本はバブル経済期の最中で強い国内経済を背景に輸出量が大きく増加しました。その後，バブル経済の崩壊に伴う景気減速の影響で，1990年を境に1996年まで輸出台数は減少傾向を示しています。しかしながら，1996年を境に1999年までバブル経済期と同程度の高い割合で輸出台数が増加しています。

図2は米ドル/円の平均為替レートを表した図で，横軸は年度，縦軸は米ドル/円の為替レートを表しています。単位は円です。1990年までは円安・ドル

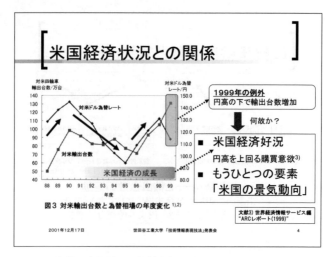

二つのグラフを詳しく比較して例外を見いだし，その原因を考察している。グラフ中の1999年度の二つのグラフの相違を枠塗で強調し，また，米国経済の成長をグラデーションで図示して視覚的な理解が容易になるように工夫している。

付図 $B.4$ スライドの4ページ

高が進みますが，その後一転して円高・ドル安になります。そして1995年以降は再び円安・ドル高になりますが，1999年は円高・ドル安になりました。さて，図1と2のグラフを比較すると，明らかな相関があります。すなわち，**米ドル/円の為替レートと輸出台数は連動し，円安傾向になると対米輸出台数が増加し，円高傾向になると減少する**ということです。

この図1と2を重ねて表示すると（スライドの4ページ目：**付図 $B.4$ を表示する**）図3になります。横軸は年度で，（指示棒で指示しながら）このグラフが対米輸出台数で目盛りは左側，もう一つのグラフは米ドル/円の為替レートで目盛りは右側です。このグラフからも相関は明らかですが，1999年だけは円高のもとで輸出台数が増加しています。これはなぜでしょうか（3分経過のベルが鳴る）。その理由は，米国経済が1991年以降に成長を続け，1999年の時点では，好況のために円高を上回る購買意欲を米国の消費者がもっていたからです。このように**米国の景気動向は，もう一つの重要な要素**といえます。

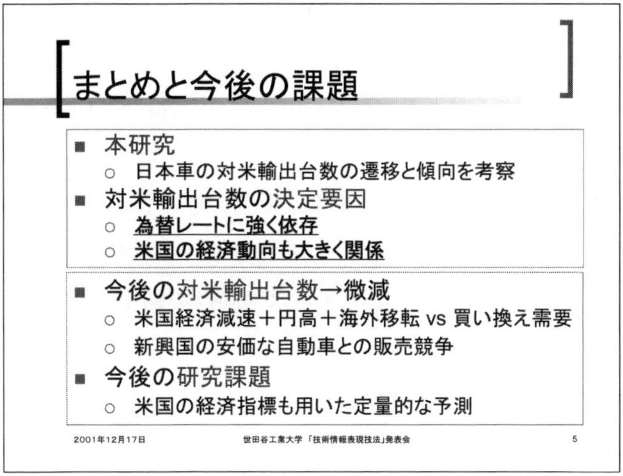

付録 B　自由課題レポートのプレゼンテーション例　　135

発表をまとめ，今後の課題を示す。箇条書きにして見やすくしている。

付図 B.5　スライドの5ページ

　（スライドの5ページ目：**付図 B.5** を表示する）　発表をまとめます。本研究では，日本車の対米輸出台数の遷移と傾向を調べました。その結果，対米輸出台数は，**為替レートに強く依存し，米国の経済動向も大きく関係する**ことが明らかになりました。今後は，米国経済減速，円高の進行，生産工場の海外移転などによって，輸出台数は減少する見込みです。ただ，買換え需要があることから，大幅な減少には至らないと思われます。また，中国や韓国などの新興国との販売競争にもさらされ，国際競争も激しさを増すと予想されます。今後の研究課題は，米国経済指標も用いた定量的な予測を実施することです。以上，ご静聴ありがとうございました（4分経過のベルが鳴る）。

　【司　会】　　質問やコメントのある人は挙手してください（複数の人が手をあげる。そのうちの一人を司会が指名する）。

　【聴衆 1】　　私は玉川次郎です。質問なのですが，円安・ドル高になるとなぜ米国で販売価格が下がるのか，私にはわかりませんでした。基本的なことで恐縮ですが教えていただけますか。

　【発表者】　　ご質問ありがとうございます。円安・ドル高とは，1ドルで購

136 付　　　　　　　録

入できる円の金額が大きくなることです。例えば，円高・ドル安の1ドル100円と比較して，円安・ドル高の1ドル140円では1.4倍の値段の日本の商品を同じ金額の米ドルで購入できます。したがって，割安になり，米国で購買意欲が上昇するわけです。

【聴衆1】　よくわかりました。ありがとうございました。

【司会者】　ほかに質問やコメントはありませんか（別の人を指名する）。

【聴衆2】　私は自由が丘花子です。米国向けの輸出台数と為替レートの関係を明確に説明されていて，とても感心しました。質問ですが，米国向けの自動車輸出と同じように，EUも為替やEU内の景気に連動するのでしょうか。

【発表者】　ご質問をありがとうございます。ご指摘のとおり，為替レートと輸出相手国の景気に連動すると推測します。しかしEU統合は1993年で，それ以前は国別に調べる必要があります。じつは調査を試みましたが，すべての国の資料を調べることができず，またEU統合後の年数も短いために判断できませんでした。

【聴衆2】　ありがとうございました。今後のご研究に期待致します。

【司　会】　司会からコメントですが，自動車工業会のホームページに，年や国別の詳細な輸出台数が掲載されています。

【発表者】　有益な情報をありがとうございます。今後の調査に活用したいと思います（6分経過のベルが鳴る）。

【司会者】　それでは，時間になりましたので，本発表を終了します。尾山台太郎さん，ありがとうございました（聴衆全員で拍手）。

付録 *B.3*　プレゼンテーションの総評

ここでは，4章で述べたプレゼンテーションのポイントを振り返りながら，上記の発表例を確認する。

付図 *B.1* の1ページ目のスライドでは，発表題目と発表者氏名を記載し，アイキャッチの車の写真も入れている。このスライドを示しながら，発表者は聴衆を発表内容に引き込むような話題からプレゼンテーションを始めている。

付録 B　自由課題レポートのプレゼンテーション例　　137

　付図 B.2 の 2 ページ目では，箇条書きで要点を示しながら発表の動機付けを行っている。特に日本車の対米輸出を扱うことの重要性を明らかにしている。2 ページ以降のスライドの見出しの部分にはページごとのテーマをあげて，ひと目でテーマがわかるようになっている。また，ポイントはキーワード化して，ひと目で理解できるようになっている。そして出典も明示している。

　付図 B.3 の 3 ページ目のスライドでは，具体的な結果をグラフで示し，考察の要点を箇条書きで示している。付録 A のレポートでは，数値を詳しく論じるために表とグラフの両方のデータを示したが，プレゼンテーションではグラフのみを示せば十分だと思われる。付図 B.3 では左右に同じ大きさで二つのグラフを並べて，比較が容易になるようにしている。さらに図中に矢印を記載して，傾向が明瞭になるように強調している。そして結論として，対米ドル為替レートとの関係を囲み文で明確に示している。このページでは，比較を行うために二つのグラフを横に並べている。中の数字やラベルが小さくなっているが，狭い会場でもこの程度のサイズが限界だと思われる。

　4 ページでは，それらのグラフを重ねて，1999 年の違いが際立つようにしている。この部分に聴衆の注意を集めてから，違いが生じた理由である米国経済の好況を明瞭に説明している。このスライドの結論となる米国経済状況の重要性を説明している部分は，枠で囲んで明確になるように工夫している。

　最後に付図 B.5 の 5 ページ目のスライドでは，発表のまとめと今後の課題を箇条書きにしている。このように，発表した研究や調査の成果を最後にもう一度説明して，その意義を聴衆に印象付けることはとても重要である。

　質疑応答において，最初の質問は為替相場の仕組みを尋ねてきたものである。常識的なことがらの質問ではあるが，発表者は為替相場の詳細な説明を行わなかったことを詫びてからていねいな解説を試みている。2 番目の質問者の内容は発表者が調査を十分にできなかった点に関する質問である。わかっている部分とわからない部分を明確に区分けして返答している。そして，最後の司会者からのアドバイスにも礼を述べ，ていねいな態度を貫いている。

　発表に関しても評価をすることが必要であり，評価項目と達成基準を明示し

138　　付　　　　　録

たルーブリック表を利用することが便利である。著者らの授業では，**付表B.1**に示す発表用ルーブリックを使用した。これにより発表に対する評価項目とその評価基準が明示され，発表者自身による自己評価やほかの受講者による相互評価にも利用することができる。

付表B.1　発表用ルーブリックの例

項　目	評　価			
	3	2	1	0
話し方	十分に明瞭な言葉を使って丁寧に説明しながら，熱意が伝わるなどのアピールがある。	ある程度明瞭な言葉を使い，丁寧に説明している。	一部に不明瞭な説明がある／もう少し丁寧に説明する必要がある。	説明が不明瞭である／説明の仕方に改善の余地が大きい。
スライド	提示するデータや文字を注意深く選択し，ポイントが大変わかりやすい。	提示するデータや文字がおおよそ適切で，ポイントをある程度理解できる。	一部のデータや文字を見直して，ポイントが理解できるように改善する必要がある。	提示するデータや文字を全体的に見直して，ポイントが理解できるようにする必要がある。
時　間	指定された時間に合わせて，発表時間を柔軟に調整できている。	おおよそ指定された時間で発表を終えている。	指定された時間を守ろうとしているが，ずれが大きい。	指定された時間を守るように，スライド量の調整や発表練習が必要である。
成果の提示	研究の成果を十分に説明し，その価値をよくアピールしている。	研究の成果と価値をおおよそ説明できている。	研究の成果と価値の説明に不十分な部分がある。	研究の成果と価値の説明の仕方に改善の余地が大きい。
論理性と客観性	発表のテーマと流れが明確である。説明を論理的に展開し，説得力がある。	発表のテーマと流れを把握でき，ある程度論理的な説明を行っている。	発表のテーマをより明確にする必要がある。説明が論理的になるように工夫する必要がある。	発表のテーマが不明確／説明の論理性が不十分である。
質疑応答	質問内容を理解し，質問者と議論することができる。	質問内容を理解し，適切な回答をすることができる。	質問内容を理解できるが，回答内容が不十分である。	質問内容を理解できない／回答できない。
質　問	発表内容に深く関連したことをわかりやすい言葉で質問した。	相手が理解できる言葉で質問した。	質問したが，質問の意味が不明瞭でわかりにくかった。	ほかの人に質問しなかった。

付録 C　ギリシャ文字一覧表

付表 C.1　ギリシャ文字および対応するローマ字一覧表

ギリシャ文字				対応するローマ字		おもな用途
大文字	小文字	名称	読み方	大文字	小文字	
A	α	alpha	アルファ	A	a	放射線
B	β	beta	ベータ	B	b	放射線
Γ	γ	gamma	ガンマ	G	g	放射線
Δ	δ	delta	デルタ	D	d	差
E	ϵ, ε	epsilon	イプシロン	E	e	微少量
Z	ζ	zeta	ゼータ	Z	z	
H	η	eta	イータ	E	e	
Θ	θ, ϑ	theta	シータ	T	t	数学（角度）
I	ι	iota	イオタ	I	i	
K	κ	kappa	カッパ	K	k	
Λ	λ	lambda	ラムダ	L	l	
M	μ	mu	ミュー	M	m	補助単位（マイクロ μ）
N	ν	nu	ニュー	N	n	
Ξ	ξ	xi	グザイ	X	x	
O	o	omicron	オミクロン	O	o	
Π	π	pi	パイ	P	p	円周率（π）
P	ρ	rho	ロー	R	r	
Σ	σ, ς	sigma	シグマ	S	s	和（Σ）
T	τ	tau	タウ	T	t	
Υ	υ	upsilon	ウプシロン	U	u	
Φ	ϕ, φ	phi	ファイ	P	p	位相
X	χ	chi	カイ	C	c	統計
Ψ	ψ	psi	プサイ	P	p	角度
Ω	ω	omega	オメガ	O	o	角周波数（ω），抵抗値（オーム Ω）

参 考 文 献

2 章

（1） 経済産業省：エネルギー白書（2006 年版），経済産業省（2006）.

（2） 国立がんセンターホームページ内
http://ganjoho.go.jp/public/index.html，［閲覧日：2017 年 3 月 14 日］.

（3） 国立天文台：理科年表 第 79 冊（平成 18 年），丸善（2005）.

（4） I. ガットマン，S.S. ウィルクス著，石井恵一，堀 素夫 訳：統計概論，培風館（1968）.

（5） 早川 毅：回帰分析の基礎，朝倉書店（1986）.

（6） 宮川公男：基本統計学 第 3 版，有斐閣（1999）.

（7） 室 淳子，石村貞夫：Excel でやさしく学ぶ統計解析，東京図書（1998）.

3 章

（1） 通商産業省編：通商白書（平成 12 年版総論）（2000）.

（2） 日本銀行ホームページ内
http://www.boj.or.jp/statistics/market/forex/daily/index.htm，
［閲覧日：2017 年 3 月 14 日］.

（3） 環境庁企画調整局調査企画室編：環境白書（平成 12 年版総説）（2000）.

（4） 千葉県海苔問屋協同組合ホームページ内
http://www.choukai-chiba.or.jp/chibanori/tokushu_osen.html，
［閲覧日：2017 年 3 月 14 日］.

（5） 矢野恒太記念会編：日本国勢図会（2000・2001 年版），国勢社（2000）.

（6） 資源エネルギー庁ホームページ内
http://www.enecho.meti.go.jp，［閲覧日：2017 年 3 月 14 日］.

（7） 萩原芳彦 編，三沢章博，鈴木秀人 共著：よくわかる材料力学，オーム社（1996）.

4 章

（1） 諏訪邦夫：発表の技法—計画の立て方からパソコン利用法まで，講談社

（1995）.

（2） 中島利勝，塚本真也：知的な科学・技術文章の書き方，コロナ社（1996）.

付録

（1） 中央教育審議会答申：新たな未来を築くための大学教育の質的転換に向けて
〜生涯学び続け、主体的に考える力を育成する大学へ〜，（2012）.

（2） AAC&U ホームページ内
http://www.aacu.org/value/rubrics，［閲覧日：2017 年 3 月 14 日］.

演 習 問 題 解 答

2 章

【1】 初速度 0 であるので，動き出してから 0.2 秒後までの加速度は

$$\frac{3.6-0}{0.2}=18\ \mathrm{m/s^2}$$

しかし，分母の時間変化の有効数字が 1 桁であることに注意して，$\underline{2\times10}$
$\underline{\mathrm{m/s^2}}$ また 0.2 秒から 1.5 秒の区間での加速度は

$$\frac{8.8-3.6}{1.5-0.2}=4\ \mathrm{m/s^2}$$

この場合は，速さの変化量も時間の変化量も有効数字が 2 桁であることよ
り，加速度は $\underline{4.0\ \mathrm{m/s^2}}$

【2】 自由落下を開始する高さを H とすると，高さ h を通過するときの速さ v は以
下の式で与えられる。

$$v=\sqrt{2\,g(H-h)}=\sqrt{2\times9.81\times(20.0-3.0)}=18.263\cdots\mathrm{m/s}$$

ここで，落差 $H-h=20.0-3.0=17.0\mathrm{m}$ であり，有効数字は 3 桁であると判
断できるので，速さ v の有効数字も 3 桁である。したがって，$\underline{v=18.3\mathrm{m/s}}$

【3】 **解表** *2.1* に示す。

解表 *2.1*　円の半径と面積の関係

半径 /mm	1.50	1.55	1.60	1.65	1.70	1.75	1.80	1.85	1.90	1.95	2.00
面積 /mm^2	7.07	7.55	8.04	8.55	9.08	9.62	10.2	10.8	11.3	11.9	12.6

【4】 （1）　$1.0\times10^{-5}\ \mu\mathrm{F}$，　$1.0\times10^{-11}\ \mathrm{F}$

（2）　512 MBytes のフラッシュメモリ 4 096 個分，1.2MBytes のフロッピ
ーディスク約 1.75×10^6 枚分（約 1 750 000 枚分）

（3）　$2.16\times10^5\ \mathrm{Pa}$，　216 kPa

（4）　$4.1\times10^{13}\ \mathrm{km}$，　1.5×10^7 年（1 500 万年）

【5】 電池とは，物理的あるいは化学的エネルギーを直接電気エネルギーに変換す
る素子であり，**解表** *2.2* のように分類される。化学電池のうち，一次電池は
放電後，もとの状態に戻すことができない電池であり，二次電池は充電により

もとの状態に復帰できる。

解表2.2 電池の分類

化学電池	一次電池	マンガン乾電池 アルカリ乾電池 酸化銀電池 リチウム電池 空気亜鉛電池
	二次電池	ニッケルカドミウム蓄電池 ニッケル水素蓄電池 鉛蓄電池 ニッケル亜鉛蓄電池
	燃料電池	
物理電池	太陽電池	

【6】 不適切な点を以下に示す。
① 縦軸の軸ラベルの間隔が狭すぎて煩雑
② 横軸の軸ラベルの間隔が広すぎてデータの絶対値がどの程度かわからない
③ 横軸の軸タイトルがないため何の値を示しているのかわからない
④ 横軸，縦軸の最大値が大きすぎてデータの関係がわかりにくい
⑤ プロットが小さすぎて見にくい

上記の不適切な点を修正し，副目盛やグリッドを設定して見やすく修正した例を**解図2.1**に示す。

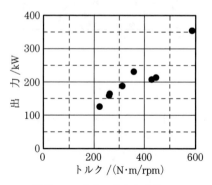

解図2.1 書式の設定を改善したグラフ

【7】 例えばホームラン数と打点の関係を散布図に示すと**解図2.2**のようになる。ホームランを1本打てば打点は必ず1以上増えるので，相関関係のあるグラフとなっている。一方，打率とホームラン数の関係を同様に示すと**解図2.3**のようになり，あまり関係がないことがわかる。

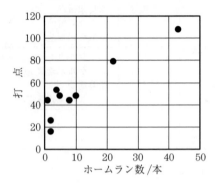

解図2.2 ある野球チームのホームラン数と打点の関係

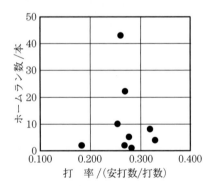

解図2.3 ある野球チームの打率とホームラン数の関係

【8】 一つの項目は都道府県名，もう一つの項目は死亡率であるから，横軸に都道府県，縦軸に死亡率をとった棒グラフが適しているといえる。解答例を**解図2.4**に示す。表のデータは男女を合わせた死亡率が高い順に示してあるので，並べ替えの基準となったデータに対応する棒を黒で塗りつぶして目立つようにし，男女の棒のパターンを変えて区別をつけるように工夫してある。

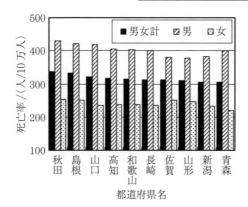

解図 2.4 人口10万人当りのガン死亡率上位10都道府県

【9】（1）算術平均 = 5.0

（2）中位数 = 4.5

（3）分散 $\sigma^2 = \dfrac{1}{N}\sum_{i=1}^{N}(x_i-\bar{x})^2 = 7.7$

（4）標準偏差 $\sigma = \sqrt{\dfrac{1}{N}\sum_{i=1}^{N}(x_i-\bar{x})^2} = 2.8$

【10】解表 2.3 に示す。

解表 2.3

電圧 /V y_i	電流 /mA x_i	電圧差 $y_i - \bar{y}$	電流差 $x_i - \bar{x}$	$\hat{a}$ の分子 $(x_i-\bar{x})(y_i-\bar{y})$	$\hat{a}$ の分母 $(x_i-\bar{x})^2$
1.00	0.30	−2.00	−0.652	1.304 000	0.425 104
2.00	0.63	−1.00	−0.322	1.322 000	0.103 684
3.00	0.97	0.00	0.018	0.000 000	0.000 324
4.00	1.27	1.00	0.318	0.318 000	0.101 124
5.00	1.59	2.00	0.638	1.276 000	0.407 044
平　均				分子合計	分母合計
$\bar{y} = 3.000$	$\bar{x} = 0.952$			$\sum_{i=1}^{N}(x_i-\bar{x})(y_i-\bar{y})$ = 3.220 000	$\sum_{i=1}^{N}(x_i-\bar{x})^2$ = 1.037 280

これより $\hat{a} = 3.104\,273$, $\hat{b} = 0.044\,732$

したがって，抵抗値 = 3.10 kΩ

146   演 習 問 題 解 答

3 章

【1】 実験結果，解析結果，自分の見解，他人の見解（参考文献提示），データ表，
結果の図，参考文献リスト

【2】 （1），（3），（4），（6），（7）

【3】 構成順に（3）-③，（2）-⑤，（5）-②，（6）-⑥，（4）-①，（1）-④

【4】 省略。本文中から抽出せよ。

【5】 解答例

（1） 図3より，日本人の死亡原因が変化しつつあることがわかる（わかり
ました）。悪性腫瘍（ガン）による死者数をみると，1995年においては人口
10万人当り211.6人であったが，2005年では259.2人と年平均2.2％の（か
なりの）割合で増加している（×ようです）。恐らく（たぶん）食生活の変化
が影響していると考えられる（のでしょう）。早急な対策をとることが必要だ
といえる（思います）。

（2） 図1に（が）応力-ひずみ線図を示す。応力とひずみが比例関係にある
領域の変形を（が）「弾性変形」といい，この範囲内で荷重を外しても，もと
の形状に戻ることが（は）できる。しかし（そのため），この領域以上の荷重
（ひずみ）を加えると，荷重を外しても，もとの形状に戻ることが（と）でき
ない「塑性変形」になる（「となる」でも可）。

【6】 省略。一例は付録Aを参照していただきたい。

4 章

【1】～【3】 省略。演習問題【3】の解答例は付録Bを参照していただきたい。

索　引

【あ】

アイコンタクト	117
曖昧な表現	79

【え】

エラーバー	41
円グラフ	39

【お】

帯グラフ	40
折れ線グラフ	38

【か】

回帰曲線	51
回帰分析	51
回答	117
化学元素	28
箇条書き	80
箇条書き（発表）	109

【き】

企画書	68, 71
聴き手	115
技術者の責任	4
技術レポート	62
——の特徴	63
基本単位	19
客観的な表現	78
キャプション（図）	34, 74
キャプション（発表）	110
キャプション（表）	32, 74
級	47
議論	119
建設的な——	119

【く】

組立単位	23
グラフ	28
——の原則	34
——の効果	28
グラフ（発表）	115

【け】

罫線	32
敬体・ですます調	
（技術レポート）	78
敬体（発表）	114
結果	65
結論	75
結論と今後の課題	65

【こ】

考察	65, 74, 82
校正	69
構成（発表）	104, 106
構成書	69, 72
口頭説明	112, 115
国際単位系（SI）	18
言葉づかい	78
コメント	117

【さ】

最小二乗法	52
最大・最小（グラフ）	41
最大・最小（統計分析）	45
最頻値（モード）	48
参考文献	65, 75, 95
算術平均	43
散布図	39

【し】

司会者	112, 117
軸	36
軸タイトル	37
軸目盛	36
軸ラベル	36
事実と見解	80
質疑応答	105, 117
質問	117
自由課題レポート	70
主観的な表現	78
出力型技術	2
首尾一貫	81
常体・である調	
（技術レポート）	78
常体（発表）	114
情報収集	68
情報発信	1
書式	93

【す】

推敲	69
数学記号	26
数式	95
——の記述	77
数値	25
図番号	35, 74
図，表	94
スライド	100, 106
——の枚数	102, 107

【せ】

接頭語	23
台詞	105

【そ】

相 関	51
想定問答集	103, 117
添え字	27

【た】

タイトル	71
タイトル（技術レポート）	64, 67
タイトル（図）	36, 74
タイトル（表）	32, 74
台 本	105, 114
単位の計算	24
段 落	79

【ち】

中位数（メディアン）	48

【つ】

積上げ棒グラフ	41

【て】

体 裁	93
データ解析	69, 72
データ収集	71
データの出典	109
テーマ（技術レポート）	67
テーマ（発表）	103

【と】

度 数	47
度数分布	46

【は】

背景と目的	65
発表時間	108, 114
発表練習	105
凡 例	37
反 論	119

【ひ】

ヒストグラム	46
表	28
——の原則	31
——の効果	28
——の種類	32
——一般表	32
——順位表（順序表）	34
——比較表	33
——分類表	33
表（発表）	115
表 記	25
表番号	32, 74
表現の盗作	63
標準偏差	42, 49, 57
標本標準偏差	49
標本分散	50

【ふ】

副目盛	37
プレゼンテーション	100
付 録	65
分散（母分散）	49
文章展開	81

【へ】

平 均	43
平均（最小）	42
平均値の有効桁数	56

【ほ】

棒グラフ	37

【み】

見出し（発表）	108
見直し	69

【ゆ】

有効数字	7, 10
四則演算の——	11
——の原則	8, 11, 16

【よ】

用 語	96
要 約	64, 70, 76
抑 揚	113

【り】

量記号	25
量と単位	26

【れ】

練習（発表）	114, 118

【ろ】

論理的思考	81

―― 著 者 略 歴 ――

野中　謙一郎（のなか　けんいちろう）

1992 年	東京工業大学工学部制御工学科卒業
1994 年	東京工業大学大学院理工学研究科修士課程修了（機械システム工学専攻）
1997 年	東京工業大学大学院情報理工学研究科博士後期課程修了(情報環境学専攻) 博士（工学）
1997 年	武蔵工業大学助手
2000 年	武蔵工業大学講師
2007 年	武蔵工業大学准教授
2009 年	東京都市大学准教授
2013 年	東京都市大学教授 現在に至る

島野　健仁郎（しまの　けんじろう）

1990 年	東京大学工学部産業機械工学科卒業
1992 年	東京大学大学院工学系研究科修士課程修了（舶用機械工学専攻）
1996 年	東京大学大学院工学系研究科博士課程修了（機械情報工学専攻） 博士（工学）
1996 年	東京理科大学助手
1999 年	武蔵工業大学助手
2001 年	武蔵工業大学講師
2005 年	武蔵工業大学助教授
2007 年	武蔵工業大学准教授
2009 年	東京都市大学准教授
2010 年	東京都市大学教授 現在に至る

白木　尚人（しらき　なおと）

1991 年	武蔵工業大学工学部機械工学科卒業
1993 年	武蔵工業大学大学院工学研究科修士課程修了（機械工学専攻）
1996 年	武蔵工業大学大学院工学研究科博士後期課程修了（機械工学専攻） 博士(工学)
1997 年	武蔵工業大学助手
1999 年	武蔵工業大学講師
2004 年	武蔵工業大学助教授
2007 年	武蔵工業大学准教授
2009 年	東京都市大学准教授
2014 年	東京都市大学教授 現在に至る

渡邉　力夫（わたなべ　りきお）

1993 年	東京農工大学工学部機械システム工学科卒業
1995 年	東京農工大学大学院工学研究科博士前期課程修了（機械システム工学専攻）
1998 年	東京農工大学大学院工学研究科博士後期課程修了(機械システム工学専攻) 博士（工学）
1998 年	武蔵工業大学助手
2005 年	武蔵工業大学講師
2009 年	東京都市大学講師
2011 年	東京都市大学准教授 現在に至る

京相　雅樹（きょうそう　まさき）

1989 年	早稲田大学理工学部電子通信学科卒業
1993 年	早稲田大学大学院理工学研究科修士課程修了（電気工学専攻）
1996 年	早稲田大学大学院理工学研究科博士後期課程満期退学（電気工学専攻）
1995 年	早稲田大学助手
1998 年	神奈川工科大学助手
2003 年	博士（工学）（早稲田大学）
2003 年	武蔵工業大学助手
2004 年	武蔵工業大学講師
2009 年	東京都市大学講師
2013 年	東京都市大学准教授
2020 年	東京都市大学教授 現在に至る

技術レポート作成と発表の基礎技法（改訂版）
A Primer of Technical Writing and Presentation (Revised Edition)
　　　　　　　　　　　　© Nonaka, Watanabe, Shimano, Kyoso, Shiraki 2008

2008 年 11 月 10 日　初版第 1 刷発行
2018 年 4 月 25 日　初版第 8 刷発行（改訂版）
2023 年 2 月 5 日　初版第 11 刷発行（改訂版）

検印省略	著　者	野　中　謙一郎	
		渡　邉　力　夫	
		島　野　健仁郎	
		京　相　雅　樹	
		白　木　尚　人	
	発行者	株式会社　コロナ社	
		代　表　者　牛来真也	
	印刷所	萩原印刷株式会社	
	製本所	有限会社　愛千製本所	

112-0011　東京都文京区千石 4-46-10
発行所　株式会社　コロナ社
CORONA PUBLISHING CO., LTD.
Tokyo Japan
振替 00140-8-14844・電話 (03)3941-3131(代)
ホームページ　https://www.coronasha.co.jp

ISBN 978-4-339-07815-2　C3050　Printed in Japan　　　（齋藤）

JCOPY <出版者著作権管理機構　委託出版物>
本書の無断複製は著作権法上での例外を除き禁じられています。複製される場合は，そのつど事前に，
出版者著作権管理機構（電話 03-5244-5088，FAX 03-5244-5089，e-mail: info@jcopy.or.jp）の許諾を
得てください。

本書のコピー，スキャン，デジタル化等の無断複製・転載は著作権法上での例外を除き禁じられています。
購入者以外の第三者による本書の電子データ化及び電子書籍化は，いかなる場合も認めていません。
落丁・乱丁はお取替えいたします。

土木計画学ハンドブック

コロナ社 創立90周年記念出版
土木学会 土木計画学研究委員会 設立50周年記念出版

土木学会 土木計画学ハンドブック編集委員会 編
B5判／822頁／本体25,000円／箱入り上製本／口絵あり

委員長：小林潔司
幹　事：赤羽弘和，多々納裕一，福本潤也，松島格也

　可能な限り新進気鋭の研究者が執筆し，各分野の第一人者が主査として編集することにより，いままでの土木計画学の成果とこれからの指針を示す書となるようにしました。
　第Ⅰ編の基礎編を読むことにより，土木計画学の礎の部分を理解できるようにし，第Ⅱ編の応用編では，土木計画学に携わるプロフェショナルの方にとっても，問題解決に当たって利用可能な各テーマについて詳説し，近年における土木計画学の研究内容や今後の研究の方向性に関する情報が得られるようにしました。

目　次

──Ⅰ. 基礎編──

1. **土木計画学とは何か**（土木計画学の概要／土木計画学が抱える課題／実践的学問としての土木計画学／土木計画学の発展のために1：正統化の課題／土木計画学の発展のために2：グローバル化／本書の構成）
2. **計画論**（計画プロセス論／計画制度／合意形成）
3. **基礎数学**（システムズアナリシス／統計）
4. **交通学基礎**（交通行動分析／交通ネットワーク分析／交通工学）
5. **関連分野**（経済分析／費用便益分析／経済モデル／心理学／法学）

──Ⅱ. 応用編──

1. **国土・地域・都市計画**（総説／わが国の国土・地域・都市の現状／国土計画・広域計画／都市計画／農山村計画）
2. **環境都市計画**（考慮すべき環境問題の枠組み／環境負荷と都市構造／環境負荷と交通システム／循環型社会形成と都市／個別プロジェクトの環境評価）
3. **河川計画**（河川計画と土木計画学／河川計画の評価制度／住民参加型の河川計画：流域委員会等／治水経済調査／水害対応計画／土地利用・建築の規制・誘導／水害保険）
4. **水資源計画**（水資源計画・管理の概要／水需要および水資源量の把握と予測／水資源システムの設計と安全度評価／ダム貯水池システムの計画と管理／水資源環境システムの管理計画）
5. **防災計画**（防災計画と土木計画学／災害予防計画／地域防災計画・災害対応計画／災害復興・復旧計画）
6. **観光**（観光学における土木計画学のこれまで／観光行動・需要の分析手法／観光交通のマネジメント手法／観光地における地域・インフラ整備計画手法／観光政策の効果評価手法／観光学における土木計画学のこれから）
7. **道路交通管理・安全**（道路交通管理概論／階層型道路ネットワークの計画・設計／交通容量上のボトルネックと交通渋滞／交通信号制御御交差点の管理・運用／交通事故対策と交通安全管理／ITS技術）
8. **道路施設計画**（道路網計画／駅前広場の計画／連続立体交差事業／駐車場の計画／自転車駐車場の計画／新交通システム等の計画）
9. **公共交通計画**（公共交通システム／公共交通計画のための調査・需要予測・評価手法／都市間公共交通計画／都市・地域公共交通計画／新たな取組みと今後の展望）
10. **空港計画**（概論／航空政策と空港計画の歴史／航空輸送分析の基本的視点／ネットワーク設計と空港計画／空港整備と運営／空港整備と都市地域経済／空港設計と管制システム）
11. **港湾計画**（港湾計画の概要／港湾施設の配置計画／港湾取扱量の予測／港湾投資の経済分析／港湾における防災／環境評価）
12. **まちづくり**（土木計画学とまちづくり／交通計画とまちづくり／交通工学とまちづくり／市街地整備とまちづくり／都市施設とまちづくり／都市計画・都市デザインとまちづくり）
13. **景観**（景観分野の研究の概要と特色／景観まちづくり／土木施設と空間のデザイン／風景の再生）
14. **モビリティ・マネジメント**（MMの概要：社会的背景と定義／MMの技術・方法論／国内外の動向とこれからの方向性／これからの方向性）
15. **空間情報**（序論─位置と高さの基準／衛星測位の原理とその応用／画像・レーザー計測／リモートセンシング／GISと空間解析）
16. **ロジスティクス**（ロジスティクスとは／ロジスティクスモデル／土木計画指向のモデル／今後の展開）
17. **公共資産管理・アセットマネジメント**（公共資産管理／ロジックモデルとサービス水準／インフラ会計／データ収集／劣化予測／国際規格と海外展開）
18. **プロジェクトマネジメント**（プロジェクトマネジメント概論／プロジェクトマネジメントの工程／建設プロジェクトにおけるマネジメントシステム／契約入札制度／新たな調達制度の展開）

定価は本体価格+税です。
定価は変更されることがありますのでご了承下さい。

図書目録進呈◆

「音響学」を学ぶ前に読む本

坂本真一，蘆原 郁 共著
A5判／190頁／本体2,600円

言語聴覚士系，メディア・アート系，音楽系などの学生が「既存の教科書を読む前に読む本」を意図した。数式を極力使用せず，「音の物理的なイメージを持つ」「教科書を読むための専門用語の意味を知る」ことを目的として構成した。

音響学入門ペディア

日本音響学会 編
A5判／206頁／本体2,600円

研究室に配属されたばかりの初学者が，その分野では日常的に使われてはいるが理解が難しい事柄に関して，先輩が後輩に教えるような内容を意図している。書籍の形式としては，Q＆A形式とし，厳密性よりも概念の習得を優先している。

音響キーワードブック―DVD付―

日本音響学会 編
A5判／494頁／本体13,000円

音響分野にかかわる基本概念，重要技術についての解説集（各項目見開き2ページ，約230項目）。例えば卒業研究を始める大学生が，テーマ探しや周辺技術調査として，項目をたどりながら読み進めて理解が深まるように編集した。

定価は本体価格＋税です。
定価は変更されることがありますのでご了承下さい。

図書目録進呈◆